家居翻新

完全手册

做出只属于你的高品质设计

[日] 各務 謙司 著

陈靖远 译

中国青年出版社
CHINA YOUTH PRESS

中青雄狮

客厅·餐厅
LIVING DINING

客厅和餐厅应当是能让居住者舒适停留的地方。所谓舒适应包括三个方面：能感受到温暖的阳光、凉爽的穿堂风等物质方面的舒适性；能感受到宽敞开放、自由自在、大小尺度适合自己身体的安心感等心理方面的舒适性；有适合美餐一顿地餐厅、悠闲读书的沙发、适合家人对话聊天的客厅等由明确的场所性带给人的舒适性。

在上述三方面舒适性的基础之上，可以通过下述八种方式，自然而然地设计出现代、古典、天然、帅酷、日本风、西洋风、少数民族风等不同的风格。在这些不同的风格中还可加入个人偏好或其他设计元素。八种方式包括：分开使用表情不同的材料；产生光影效果的窗边木工制作；通往各房间的流线及其与厨房的联系；通过开闭控制流线的房间门的表情；现场制作的功能性收纳柜、与身体直接接触的沙发餐桌和椅子的豪华感；表现主人个性和偏好的艺术品、装饰品；控制室内温湿度的吸顶空调机位置；丰富视听环境的照明灯具和电视音响系统。

特别是对公寓进行改装时，需要在房间面积、顶棚高度、外窗大小、结构体凹凸等若干限制条件下，逐一考虑上述因素。设计师要和甲方的沟通，深刻理解甲方的趣味偏好，并提炼出主要部分。在最大限度地挖掘原有空间潜能性的同时，对功能及其实现的可能性进行仔细的考量取舍，逐步成就世上独一无二的空间设计。本书所介绍的客厅和餐厅改造案例便是这样极具个性的空间设计范本。

将视线引向
远方的
钢框玻璃隔断

视线被引向远方时，客厅与餐厅会让人感觉更宽敞。隔墙选择通透性好的玻璃时，视野便可延伸至远处的书房和阳台。此时，设计适合客厅和餐厅的窗墙框样式，整个空间的氛围便明晰起来。本案参考了纽约LOFT样式，由钢框和玻璃组成的隔墙跨过房间，覆盖了阳台铝门窗，从而形成富于整体感的墙面设计。

Before

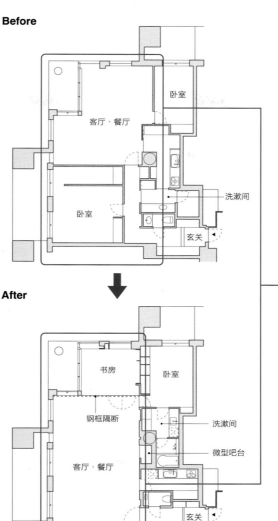

卧室

客厅·餐厅

卧室

洗漱间

玄关

After

书房

卧室

钢框隔断

洗漱间

客厅·餐厅

微型吧台

玄关

平面图

此户型四角均有阳台，为扩大客厅和餐厅的面积，结合结构体的形状，将客厅和餐厅下移，正面布置书房（参阅 166-167 页）。钢框隔断延伸至原有的外窗，将外窗遮挡起来。

MATERIAL/ 六本木 T 宅邸（施工：辰）

墙面：AEP/ 地面：复合木地板 / 斯堪的纳维亚地板 Wide Blank OAEWS（斯堪的纳维亚客厅）顶棚：AEP/ 餐桌：Nean（Cassina）
餐桌：Cab（Cassina）沙发：Naviglio（arflex）边桌：Leger Leather（Minotti）块毯：长毛毯（arflex）遮光帘：Silhouette Shade（Hunterdouglas）艺术品：石塚 TSUNAHIRO·仲田智（Art Gallery Closet）立灯：MAGNA/ Cassina

钢框玻璃隔断向上延伸至吊顶，晚间，为表现钢框与玻璃的光泽感，于吊顶处布置了 LED 光带。

利用箱形盥洗空间
形成洄游动线

　　北侧为外廊，客厅在南面，户型布局很容易落入沿中央走廊两边布置居室和盥洗空间的俗套。走廊占户内面积的比例偏大。如何让走廊面积在感观上降到最小，仔细思考后便形成了本案：沿厨房和洗漱间辟出一条功能性的走廊，形成餐厅到客厅的洄游动线。围绕上下水管井重构用水功能房间之后，不但消除了幽暗无趣的中间过道，也形成了以箱形盥洗空间为核心的空间秩序。

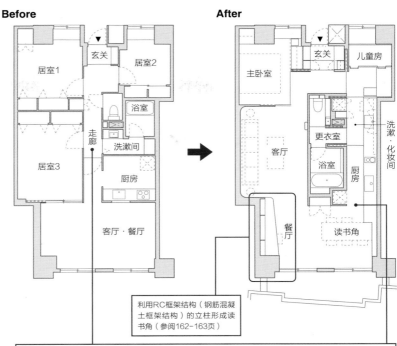

Before　　　　　　　　　　**After**

居室1　玄关　居室2

浴室

走廊　洗漱间

居室3　厨房

客厅·餐厅

主卧室　玄关　儿童房

更衣室　洗漱·化妆间

客厅　浴室　厨房

餐厅　读书角

利用RC框架结构（钢筋混凝土框架结构）的立柱形成读书角（参阅162-163页）

将盥洗空间平移至原来布局的中间过道处，沿东墙平行布置厨房和洗漱间。去掉长长的中间过道之后，各居室的面积都不同程度地扩大了。更衣室从洗脸间中分离出来，厨房与洗脸间连为一体，使用方法的变化也是亮点之一。

平面图

MATERIAL / 神户 M 宅邸（施工：越智工务店）

墙面：AEP 及特殊涂料 / PORTRER'S PAINTS STONE PAINT COARSE（NENGO），局部厨房壁板 /WP03321（SANWA COMPANY），局部镜面地面：复合木地板 / 斯堪的纳维亚地板 Wide Blank OAEWS（斯堪的纳维亚客厅）顶棚：AEP　餐桌：订制家具　餐椅：JK扶手椅（arflex）　沙发：CONSETA（IDEC）大茶几：RYUTARO（interiors）　餐桌吊灯：COMPASS（FLOS）地灯：LA FIBULE HILAIRE（FUGA）　块毯：KINNASAND（MANAS TRAIDING）靠垫：Ellen（interiors）　艺术品：Artigiano（sweet in style）

将用水功能房间集中在中央部位之后，沿长边方向布置直线状台面便成了可能。本案设置了厨房操作台与洗脸台合二为一的长台面，并且与直角相交的餐桌也呈整体式设计（参阅 62-63 页）。

封窗以增加墙面
让家具自由布局

　　一般来说，在拥有双面大面积采光窗的居室空间很难布置家具。若某一方向的景色不是很好，可以在窗内侧竖墙遮挡，通过增加墙面，不但可以增加空间的沉稳感，还可以墙面为背景制作家具或增加收纳空间。对大面积外窗很难采用装饰性元素，但做成墙面之后，可以打造台面，装饰艺术品，体现甲方个性便成为可能。在本案中，沿新增设的墙面设置了半高的长台面，而且要与不得已布置在宽敞客厅中央的沙发取得视觉上的平衡。

Before

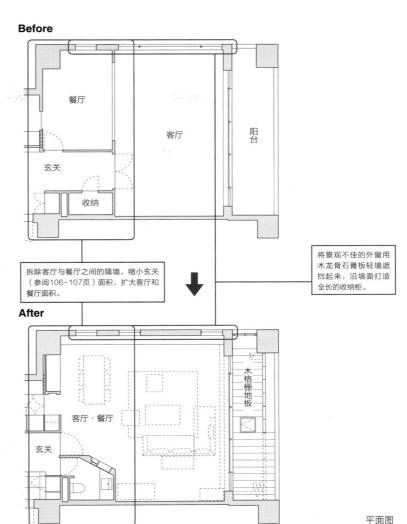

餐厅

客厅

阳台

玄关

收纳

拆除客厅与餐厅之间的隔墙,缩小玄关(参阅106-107页)面积,扩大客厅和餐厅面积。

将景观不佳的外窗用木龙骨石膏板轻墙遮挡起来,沿墙面打造全长的收纳柜。

After

客厅·餐厅

玄关

木格栅地板

阳台

平面图

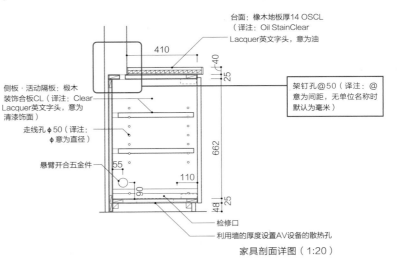

台面: 橡木地板厚14 OSCL
(译注: Oil StainClear
Lacquer英文字头,意为油

410

40

25

侧板·活动隔板: 椴木
装饰合板CL(译注: Clear
Lacquer英文字头,意为
清漆饰面)

架钉孔@50(译注: @
意为间距,无单位名称时
默认为毫米)

走线孔φ50(译注:
φ意为直径)

662

悬臂开合五金件

55

110

90

48

25

检修口

利用墙的厚度设置AV设备的散热孔

家具剖面详图(1:20)

MATERIAL/ 白金台 S 宅邸(施工: 青 + 家具制作: 现代制作所)

墙面: AEP
地面: 复合木地板 / 斯堪的纳维亚地板 Wide Blank OAEWS(斯堪的纳维亚客厅)顶棚: AEP 餐桌: 非洲柚木餐桌(I+STYLERS)餐椅: Cab(Cassina)沙发: SONA(arflex) 大茶几(arflex) 休息厅椅: Flynt(Minotti) 块毯: 波斯BB地毯(Miri Collection) 立灯: UF4-31N(ISAMU NOGUCHI · AKARI)桌子照明: BB/YAI(ISAMU NOGUCHI · AKARI)遮光帘: Silhouette Shade(Hunterdouglas)

引导视线望向
窗外的美景

    如果窗外景色优美,可以采用将视线自然引向窗外的设计手法。从客厅、餐厅向外眺望时,窗框和顶棚的线脚也会进入视野,需要着重设计这一细节。由于外窗属于公共景观的一部分,无法自由改动,因此只能从室内对木质窗框等进行改造。由于梁高会产生垂墙,可以通过做曲面吊顶消除垂墙与顶棚的交角线。在本案中,窗前设计了曲面吊顶以将窗帘盒藏起,同时利用间接照明增强艺术效果。

从窗外看向室内，餐厅墙上的黑色家具起到点晴的作用。吊顶时利用顶棚高差做成灯槽，完成自由伸展的客厅顶棚造型。

After

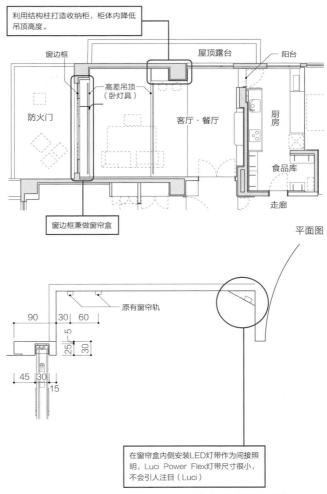

利用结构柱打造收纳柜，柜体内降低吊顶高度。

窗边框

屋顶露台

阳台

高差吊顶（卧灯具）

防火门

客厅·餐厅

厨房

食品库

窗边框兼做窗帘盒

走廊

平面图

原有窗帘轨

90　30　60

25　5
　　30

45　30

15

在窗帘盒内侧安装LED灯带作为间接照明，Luci Power Flex灯带尺寸很小，不会引人注目（Luci）

窗帘盒剖面详图（1:8）

MATERIAL/ 白金台 P 宅邸（施工：ReformQ）

墙面：壁纸 /LL-8188（Lilycolor）地面：复合木地板 /
复合木地板 40 系列橡木 40Clear Brushed（IOC）顶棚：
壁纸 /LL-8188（Lilycolor）装饰线：FL339（Mihashi）
沙发：SONA（arflex）休息厅椅：PERCH（arflex）
块毯：波斯地毯（甲方提供）木质百叶：G 系列（Nanik
Japan）

用墙裙将
客厅·餐厅和
厨房连为一体

将封闭式厨房变为开放式厨房是改造公寓式住宅的典型手法。然而，打通餐厅与客厅虽然容易实现，让厨房融入一体化的空间却出乎意料地难。本案采取的做法是：取厨房操作台下的胡桃木柜门板相同的实木装饰板做成墙裙，沿餐厅、客厅延伸至沙发背面，以此形成极具整体感的客厅·餐厅和厨房空间。

After

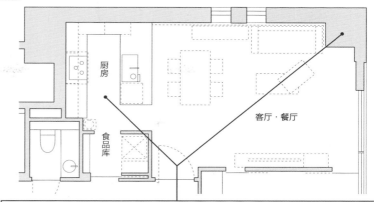

厨房

食品库

客厅·餐厅

将封闭式厨房改造成开放式厨房，在原有厨房旁新设了食品库，收纳量较之前得到扩大。墙裙做到外窗旁的结构柱处，这样的话放置沙发时水平腰线看上去美观。

平面图

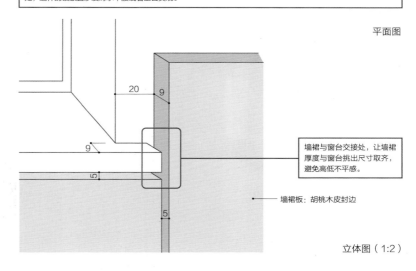

20　9

9

5

5

墙裙与窗台交接处，让墙裙厚度与窗台挑出尺寸取齐，避免高低不平感。

墙裙板：胡桃木皮封边

立体图（1:2）

MATERIAL/ 南青山 Y 宅邸（施工：libcontents）
墙面：涂料打底贴壁纸 /Runafaser（Runafaser Japan）墙裙：胡桃木实木装饰板地面：复合木地板 / 欧洲橡木擦白饰面（冈崎制材）顶棚：涂料打底贴壁纸 /Runafaser（Runafaser Japan）之上 AEP 餐桌：TAAC（interiors）餐椅：PHILIP（TIME & STYLE）沙发：甲方提供　专用椅：甲方提供 大茶几：订制家具（YAMASHITA PLANNING OFFICE）块毯：Colored Vintage rug（interiors）餐桌吊灯：Lewit pendant me（Lumina bella）厨房：订制（libcontents）碗橱：甲方提供 壁灯：Libra Wall（Lumina bella）遮光帘：Silhouette Shade（Hunterdouglas）

厨房对面的操作台下是可从餐厅一侧打开的餐具收纳柜。柜门与墙裙使用了深色胡桃木，形成淡雅色系中的点睛之笔。

一面大墙
带给空间
沉稳感

　　并非所有人都喜欢开放式厨房。例如，有人不大愿意像开家庭派对那样在菜品上花时间，有人很在意烹饪过程中散发的气味，这时可以设计一个小型的封闭式厨房，客厅空间因增加的墙面而生出沉稳感（参阅10-11页）。如何使得厨房的门不显眼是墙面设计的关键。本案的做法是，将两扇门做成与墙面材质相同的推拉门，门的高度与紧邻的收纳壁柜及镜子取齐，从而形成一面大墙。

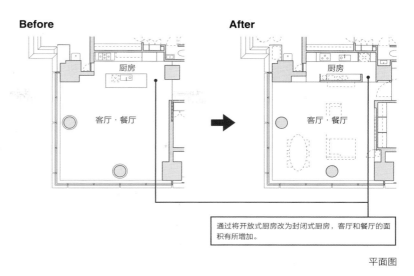

Before　　　　　　　After

厨房

客厅·餐厅

厨房

客厅·餐厅

通过将开放式厨房改为封闭式厨房，客厅和餐厅的面积有所增加。

平面图

嵌墙式烤箱

冰箱

3,580　　650　　800　　400

收纳食品库

墙面：胡桃木实木装饰板饰面

推拉门W800（译注：W：wide指净宽度）

厨房平面详图（1:50）

上方吊轨

涂料饰面　　　　　　　　　涂料饰面

9.5　8　9.5　30　　　　30　9.5
12.5　　12.5　　12.5　　12.5

客厅　　　　　　　　　　　　　　厨房

挂画轴

合板厚5.5，上贴壁纸

5　35　5

推拉门（涂料饰面）

客厅一侧双层板墙，利用墙厚隐藏挂画轴，以便悬挂艺术品。

推拉门剖面详图（1:4）

MATERIAL/ 六本木 N 宅邸（施工：ReformQ + 内装修协调：May's Corporation）

墙面：AEP，电视机缝隙彩色玻璃/LACOBEL Anthracite AUTHENTIC（旭硝子），局部镜面及壁纸贴入 地面：复合木地板/复合木地板40系列热带橡木 40Clear Brushed(IOC)顶棚 AEP 沙发：HAMILTON(Minotti) 咖啡桌：CESER（Minotti）靠垫：ZINC（MANAS TRAIDING）块毯：Astral（MANAS TRAIDING）沙发旁桌子照明：LIMBLUG（YAMAGIWA）控制台：订制家具（YAMASHITA PLANNING OFFICE 桌子照明：Navarro Lamp(Arteriors)艺术品：内海圣史（Art Front Gallery）休息厅椅：HUSK（B&B ITALY）壁挂式音箱：Beolab12-3（Bang & Olufsen）电视机间隙间接照明：luci nanoline（luci）

用家具和门
消除空间
"错位"

公寓式住宅改造中令人头痛的是无法撤掉的剪力墙等结构构件，特别是当剪力墙与房间出入口位置出现"错位"时，空间的完整性也受到影响，绝对称不上好看。如何巧妙利用这样的"错位"也成了建筑师展示实力的关键。这时，在不影响平面自由度的前提下用家具、门窗等消除结构因素带来的"错位"，应当是聪明的选择。本案依托结构墙设计了一组书架，利用书架的厚度设计了一扇客厅通向卧室的暗门，并实现了和谐统一的装饰效果。

书架和暗门的饰面材料是硬枫木。为了加强两者的整体感，书架和门的边框宽度统一成 38mm，这样的暗门看上去完全成了家具的一部分。

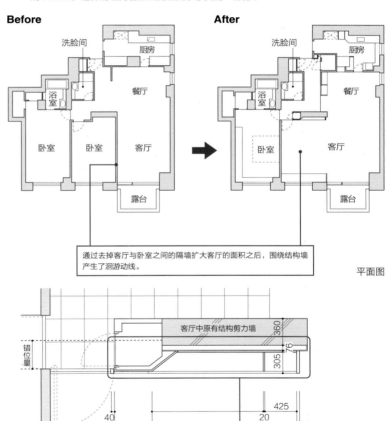

Before　　　　　　　　　　　　　　　**After**

通过去掉客厅与卧室之间的隔墙扩大客厅的面积之后，围绕结构墙产生了迴游动线。

平面图

MATERIAL/ 纽约 S 宅邸（施工：BLUE STONE）
墙面：AEP 地面：橡木实木地板 顶棚：AEP 现场制作家具：硬枫木 沙发·休息厅椅：订制（甲方提供）餐桌（THONET）餐椅（THONET）立灯：BB3-33S（ISAMU NOGUCHI·AKARI）

结构剪力墙与房间隔墙交接处错开约400mm，利用此偏差设计了书架、收纳柜以及暗门，修正了墙面线的位置。

暗门平面详图（1:50）

客厅与餐厅
做不一样的吊顶

即便只改变原有房间的吊顶颜色，也会改变空间给人的印象。如果有意让客厅与餐厅清楚地区分出来，可以采取完全不同的装修材料。本案中，餐厅的大理石地面很时尚，但素白的吊顶显得缺乏情调，改造时地面不动，吊顶使黑色、彩色的玻璃，客厅部分的吊顶使用白色涂料。这样就通过完全不同的色彩和材质明确区分了客厅和餐厅。

餐厅的彩色玻璃吊顶穿过钢框玻璃隔断延伸到远处的走廊，让人感觉餐厅和走廊是连在一起的。

After

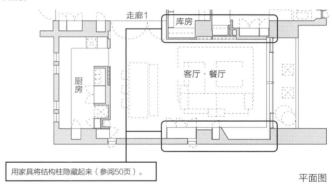

走廊1　库房

厨房

客厅·餐厅

用家具将结构柱隐藏起来（参阅50页）。

平面图

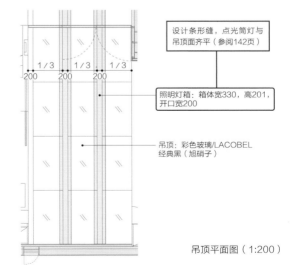

设计条形缝，点光筒灯与吊顶面齐平（参阅142页）

1/3　1/3　1/3
200　200　200

照明灯箱：箱体宽330，高201，开口宽200

吊顶：彩色玻璃/LACOBEL
经典黑（旭硝子）

吊顶平面图（1:200）

MATERIAL/ 南平台 N 宅邸（施工：ReformQ）

墙面：AEP，天然木材/IRIS ROSE（山一商店），天然大理石/DRAMATIC WHITE 地面：已有大理石局部更换 顶棚：AEP，彩色玻璃/LACOBEL、经典黑（旭硝子）窗框：AEP 餐桌·长椅：Celerina（Riva 1920）餐 椅：LOVING（Minotti）沙发：WHITE（Minotti）大茶几：CROSS（Meridiani）块毯：DIBBETS FRAME（Minotti）休息厅椅：GILLIAM（Minotti）地灯：K TRIBE（FLOS）桌灯：SPUN LIGHT（FLOS）立体艺术品：Mondrian Sculpture（Arteriors）艺术品：中达靖成（Gallery Closet）钟表：caprese clock（WOOOD）挂墙音箱：Beolab12-3（Bang & Olufsen）装饰架设计：Modern Living（Hearst 妇女画报社）

因壁柜而
控制吊顶
高度的客厅

　　大多数公寓式住宅的壁柜设置在卧室或门厅，如果考虑到主人外出和回家后的动线，以及夫妇的日常生活不在一个时间段等因素，将壁柜设在客厅是否更为合理？本案中，客厅低矮而沉稳，餐厅与厨房则高大而明亮，为了明确这种区分，加厚了壁柜门板，让降低的木吊顶看上去像是用一整张大型实木板制作出来的，直角弯曲后的L字造型加强了这种效果。

正面是壁柜，右侧墙做成斜向的，强调深处的入口门厅。

After

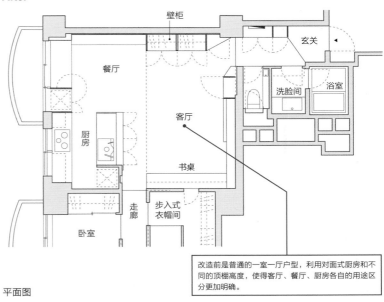

平面图

改造前是普通的一室一厅户型，利用对面式厨房和不同的顶棚高度，使得客厅、餐厅、厨房各自的用途区分更加明确。

MATERIAL/ 品川区 Y 宅邸（施工：LIFE DESIGN + 现场家具制作：现代制作所）

墙面：壁纸 /LB-9742（Lilycolor），局部厨房壁板 地面：复合木地板 / 复合木地板 20 系列 Ash20 White powder（IOC）顶棚：壁纸 /LB-9742（Lilycolor），内装修不燃板 /REAL PANAL 天然木胡桃木（NISSIN EX）现场制作家具：胡桃木 / 鬼胡桃 / 涂料饰面　餐桌：橡木餐桌（ACTUS）餐椅：RIN（甲方提供）扶手椅（arflex）餐厅吊灯：甲方提供（flame）沙发：甲方提供（NOYES）

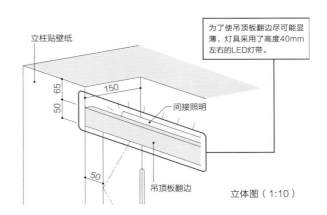

立柱贴壁纸

为了使吊顶板翻边尽可能显薄，灯具采用了高度40mm左右的LED灯带。

间接照明

吊顶板翻边

立体图（1:10）

将客厅·餐厅与阳台
连成一体

公寓式住宅的客厅·餐厅面向的室外阳台通常只是放空调室外机和晾晒衣物的地方，铺设木格栅地面之后，原先毫无生趣的空间将得到彻底改观。室内外地面都变成木质地板后，从客厅·餐厅向外看时，仿佛木地板延伸到了阳台，不但室内空间感觉更宽敞，阳台本身的使用功能也会发生很大变化。此时，阳台扶手栏板也需要加强设计感。本案采用了与木格栅地面相同材料的栏板，发挥遮挡外来视线功能的同时，也形成统一的设计风格。

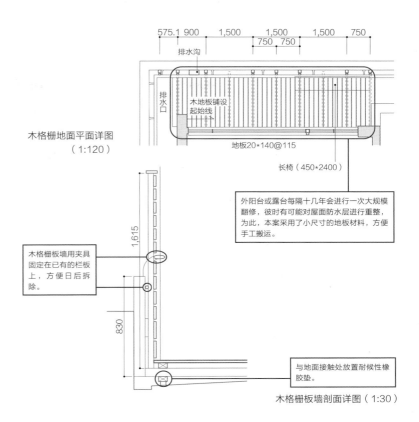

木格栅地面平面详图
（1:120）

575.1 900　1,500　1,500　1,500　750
750　750

排水沟
排水口
木地板铺设
起始线
地板20*140@115

长椅（450*2400）

外阳台或露台每隔十几年会进行一次大规模翻修，彼时有可能对屋面防水层进行重整，为此，本案采用了小尺寸的地板材料，方便手工搬运。

木格栅板墙用夹具固定在已有的栏板上，方便日后拆除。

1,615

830

与地面接触处放置耐候性橡胶垫。

木格栅板墙剖面详图（1:30）

地面和墙面材料使用了巴西紫檀木，墙上设若干孔洞作为养殖花草之处。

摄影：ZEKE

MATERIAL/ 麻布 MT 宅邸（策划・施工：ZEKE+ 现场家具制作：SSK）

墙面：壁纸 /neuerove（旭兴），涂装 /Tanacream（田中石灰工业）地面：复合木地板 / 斯堪的纳维亚地板 Wide Blank OAEWS（斯堪的纳维亚客厅）顶棚：壁纸 /neuerove（旭兴）装饰线：CE5182 人造木材（MIHASHI）餐桌：甲方提供 餐椅：甲方提供 沙发（HAMPTON HOME）靠垫（HAMPTON HOME）大茶几：甲方提供 立灯：UF4-33N（ISAMU NOGUCHI・AKARI 木格栅地板：巴西紫檀（malhon）

保持适度距离感的
共用客厅·餐厅

　　对于日常生活节奏不同的夫妇来说，有时需要设计两处单独的卧室，以满足双方对独立性的要求。本案即在两间卧室之间设计了共用的客厅和餐厅。为加强两间卧室之间的连带感，通过改变地毯颜色和吊顶高度，使得两间卧室在视觉上连成一体。这样的设计手法可以让二人既保持适度的距离感，又可以增进沟通和交流。此外，考虑到老龄后二人的生活动线，组合设计了四扇推拉门，方便从卧室外走廊进入主卧室里面的盥洗空间。

从客厅·餐厅看组合进墙面的厨房。左侧的木推拉门兼遮挡其右侧装饰搁架之用，与整体厨房的墙面线在一个平面上。

After

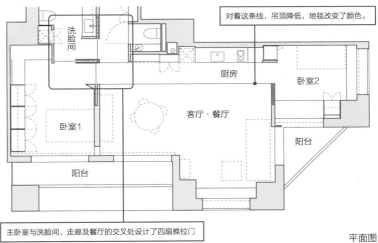

平面图

对着这条线，吊顶降低，地毯改变了颜色。

洗脸间

厨房

卧室2

卧室1

客厅·餐厅

阳台

阳台

主卧室与洗脸间、走廊及餐厅的交叉处设计了四扇推拉门

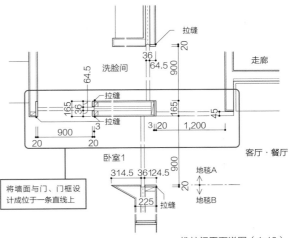

推拉门平面详图（1:40）

将墙面与门、门框设计成位于一条直线上

拉缝

洗脸间

走廊

卧室1

客厅·餐厅

地毯A

地毯B

MATERIAL/ 中央区 Y 宅邸（施工：高岛屋 SPACE CREATES）

墙面：壁纸 /WVP7577（TOLI）·SG542（SANGETSU）地面（客厅·餐厅）：地毯 /HDC-809-02（堀田地毯）地面（厨房）：地毯 /HDC-808-02（堀田地毯）顶棚：壁纸 /WVP7577（TOLI）·SG542（SANGETSU）餐桌：CENA（Cassina）餐椅：JK（arflex）沙发：STREAMLINE SOFA（eilersen）矮桌子：Fiorire DB（POLYFOAM）休息厅椅：GIULIO（arflex）立灯：UF4-33N（AKARI·ISAMU NOGUCHI），TOLOMEOTERRA（Artemide）遮光帘：Silhouette Shade（Hunterdouglas）块毯：甲方提供

有阳光和
穿堂风的
客厅·餐厅

　　阁楼（屋顶层的住户）有四面临空的特点，活用此特点，可创造出通风好又宽敞的居住空间。本案对户内隔断墙进行了更改，让外廊一侧的中庭和另一侧的露台（屋顶阳台）建立联系。通过将客厅·餐厅布置在中庭与露台之间的位置上，让阳光和风穿过室内，增添空间的舒适度和惬意感。露台上铺设木格栅地板，形成由格栅墙围成的 Pagola 户外客厅，弱化了室内外空间的分界线。

从客厅看向餐厅，两者之间设计有垂墙，赋予空间沉稳感。

Before

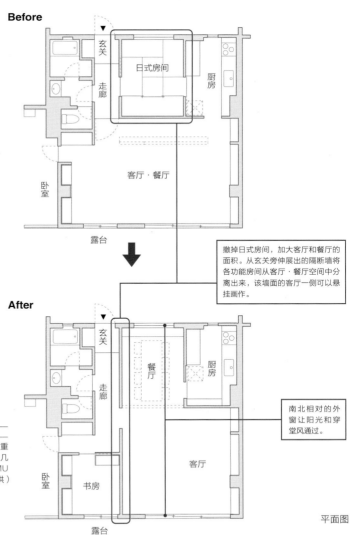

撤掉日式房间，加大客厅和餐厅的面积。从玄关旁伸展出的隔断墙将各功能房间从客厅·餐厅空间中分离出来，该墙面的客厅一侧可以悬挂画作。

After

南北相对的外窗让阳光和穿堂风通过。

玄关

日式房间

厨房

走廊

客厅·餐厅

卧室

露台

玄关

餐厅

厨房

走廊

客厅

卧室

书房

露台

平面图

MATERIAL/ 小石川 S 宅邸（施工：大总工务店·libcontents）

墙面：AEP 重刷 地面：橡木实木地板聚氨酯罩面 顶棚：AEP 重刷 餐桌（arflex）餐椅：Cab（Cassina）沙发：现场制作 大茶几（arflex）休息厅椅：现场制作 立灯：UF4-31N（AKARI·ISAMU NOGUCHI）控制台：仿古（甲方提供）块毯：特殊订制品（甲方提供）

通过设计让
不规则空间
规整

如果原有客厅·餐厅的形状不规整，会增加家具布置的难度。为了解决这个问题，需要对客厅·餐厅空间进行整合，之后在规整的空间内规划家具的布局。通过加大地面、墙面和顶棚设计风格的对比度，并且施以恰如其分的灯光设计，可以达到用途分区规整的目的。本案中，客厅顶棚采用更具宽敞感的白色凹上造型吊顶，餐厅则使用木质装饰梁造型吊顶，使得客厅和餐厅空间自然而舒缓地划分开来。

After

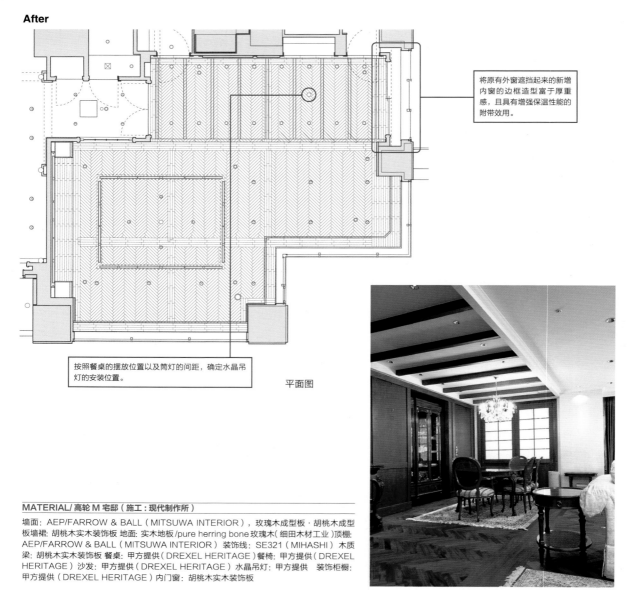

将原有外窗遮挡起来的新增内窗的边框造型富于厚重感，且具有增强保温性能的附带效用。

按照餐桌的摆放位置以及筒灯的间距，确定水晶吊灯的安装位置。

平面图

MATERIAL/ 高轮 M 宅邸（施工：现代制作所）

墙面：AEP/FARROW & BALL（MITSUWA INTERIOR），玫瑰木成型板·胡桃木成型板墙裙：胡桃木实木装饰板 地面：实木地板 /pure herring bone 玫瑰木（细田木材工业）顶棚：AEP/FARROW & BALL（MITSUWA INTERIOR）装饰线：SE321（MIHASHI）木质梁：胡桃木实木装饰板 餐桌：甲方提供（DREXEL HERITAGE）餐椅：甲方提供（DREXEL HERITAGE）沙发：甲方提供（DREXEL HERITAGE）水晶吊灯：甲方提供 装饰柜橱：甲方提供（DREXEL HERITAGE）内门窗：胡桃木实木装饰板

木质装饰梁、水晶吊灯以及人字形拼花木地板让餐厅显得很华丽。装饰柜橱和餐桌椅都采用了厚重的设计。

大理石墙与
装饰架的
视觉效果

在通常的公寓式住宅中，墙面很多都做成四面（有一面大玻璃时是三面）一样的材质和色彩，给人缺乏个性和整齐划一的刻板印象。为避免出现这种情况，可以通过改变墙的材质和色彩将其中一面改造成装饰墙，同时将各种需要的功能集中于这面墙上，整个室内便会变为"有型空间"。本案将入口门厅延伸出来的一整面墙做成有硬朗感的大理石墙面，同时将房间门旁的小墙垛做成玻璃墙，让客厅·餐厅空间看上去与入口门厅连为一体。此外，墙面上还按照石材的拼缝大小安装放置电视机的收纳装饰架、CD播放机、音箱、雕刻等。

客厅与餐厅面对的窗子，映入阳台的绿植与鲜亮的行道树，宛若取景框定格的画面。

After

有着凹上式造型吊顶的客厅·餐厅。装饰墙上安装放置电视的收纳家具，以平缓界定客厅与餐厅的范围。结合此用途分界，缩小了客厅沙发和矮茶几上方的凹上式造型吊顶的尺寸（参阅215页）。

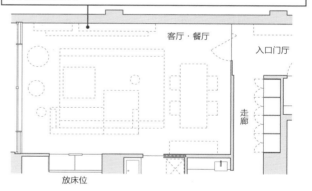

平面图

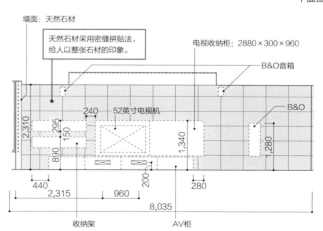

展开图（1:100）

MATERIAL/ 代官山 T 宅邸（施工：ReformQ）

墙面：AEP，天然石材 /Basaltina（advan），固定扇玻璃：钢化玻璃地面（原有）：天然大理石 / PERLINO WHITE 顶棚：AEP，凹上造型吊顶：3M Dinoc film（3M）餐桌：Diamond（Molteni）餐椅：FLYNT CROSS BASE（Minotti）沙发：SHERMAN（Minotti）咖啡桌：CESER（Minotti）大茶几：CALDER（Minotti）块毯：DIBBETS（Minotti）餐桌吊灯：Compass Box（FLOS）地灯：BeyondL（TRISHNA JIVANA）格架：MORRISON（Minotti）电视柜：PASS（Molteni）乙醇暖炉：COCOON（Vecchio N.Vogue）艺术品：朱丽叶·佛格森（Subject Matter）壁挂音箱：Beolab3（Bang & Olufsen）壁挂 CD 播放机：BeoSound9000（Bang & Olufsen）

强调门窗框
表现殖民地
建筑风格

现在的公寓式住宅基本以"自然现代风"为主流室内装饰风格。踢脚线、转角线和门窗边框都约定俗成地尽可能做细做小，以不显眼为要。房间门和家具也都保持简素，空间格局容易变得平淡无趣。要想活用门窗家具，增强其存在感，就需考虑让踢脚线、转角线和门窗边框采用更为醒目的设计风格。在本案中，应甲方想实现殖民地风格的要求，方案在欧陆风高级住宅品味的基础上，糅合了表现异国情调的室内装饰元素。

After

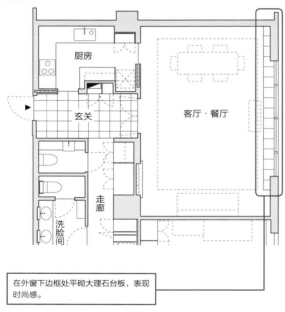

在外窗下边框处平砌大理石台板，表现时尚感。

平面图

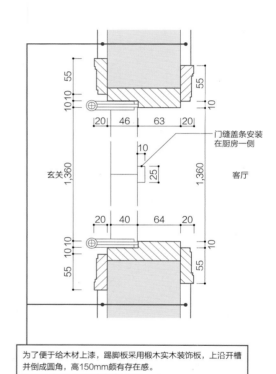

门缝盖条安装在厨房一侧

为了便于给木材上漆，踢脚板采用椴木实木装饰板，上沿开槽并倒成圆角，高150mm颇有存在感。

门窗边框平面详图（1:6）

在由特殊订制的踢脚板、门框、图案特别的进口壁纸构成的墙面上，正面壁炉造型内放置了电视机。

MATERIAL/ 六本木 M 宅邸（施工：LIFE DESIGN）

墙面：壁纸 /TE-JEANNE-VL9104（TECIDO），局部大理石 /TravertineCLASSICO（advan）地面：已有木地板及大理石地台 /TravertineCLASSICO（advan）顶棚：AEP 装饰线：AS-Z16（advan）·482P·1068·1153（MIHASHI）圆浮雕：EF108（MIHASHI）餐桌：lotus（TIME & STYLE）餐椅：JK814（Ritzwell）两用沙发：甲方提供（Cassina）坐凳（Arteriors）装饰品（Arteriors）窗帘（MANAS TRAIDING）木百叶：Nanik 系列（Nanik Japan）艺术品：甲方提供

清水混凝土墙
与水泥抹面梁
表达力量感

在公寓式住宅改造中，清除现有的饰面材料，转而活用混凝土梁和墙面的做法很受欢迎。然而，不加修饰地暴露结构面显得过于粗放，需避免有损品味的设计。除了注意对梁和墙面进行必要的面层修复之外，还要仔细研究它们与周围饰面材料的均衡以及交接处的细部处理。在本案中，通过铺设充满野趣的宽幅长板型复合木地板，并将其与钢制门窗进行组合，酝酿出与混凝土质感相匹配的高品位。

现有混凝土墙上残留有粘接石膏板的胶痕，表现出来虽无不可，但恐影响档次感，逐一进行了清洗修复，使其看上去光洁规整。

After

表现清水混凝土的部分有沙发正对面、壁挂式煤气炉的墙面，这些部位有很好的装饰效果。其余部分均采用白色涂料墙面，适度中和了混凝土墙的粗放感。

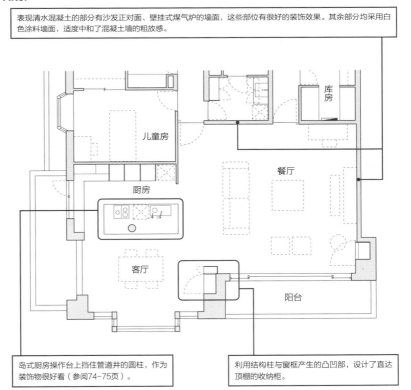

岛式厨房操作台上挡住管道井的圆柱，作为装饰物很好看（参阅74-75页）。

利用结构柱与窗框产生的凸凹部，设计了直达顶棚的收纳柜。

平面图

MATERIAL 杉井区 S 宅邸（施工：青）
墙面：AEP 及清水混凝土 地面：复合木地板／橡木自然风罩漆（mafi）顶棚：AEP 局部暴露混凝土梁（水泥修整）沙发：Naviglio（conranshop）大茶几：甲方提供（conranshop）电视柜：甲方提供（poggenpohl）壁挂式煤气暖炉：甲方提供（Vecchio N.Vogue）木百叶：Nanik 系列（Nanik Japan）

平面图中的文字标注：儿童房 库房 厨房 餐厅 客厅 阳台

个性十足的
外国家具
衬托高大空间

　　在追求高级感的公寓式住宅改造中，考虑室内设计风格时，与甲方提供的家具和装饰品相匹配十分重要。不论何时何地，搬进家中的家具和装饰品都有各自独特的表情。室内设计要在不损害它们个性的前提下，既有一定程度的装饰，又保持低调自然。本案为衬托欧美和东亚的家具及装饰品，对顶棚做了露梁白顶白墙处理，地面采用剑麻毯铺地。对于多处放置的台灯，设计时要确定彼此的位置，做到用联动开关一次性开灯和关灯。

After

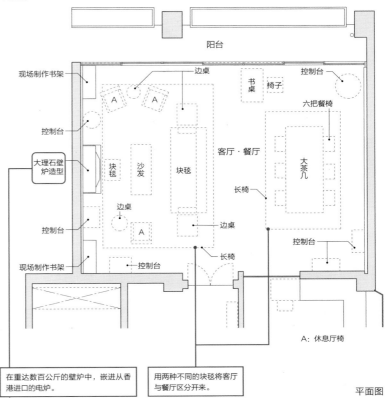

阳台

现场制作书架

边桌

书桌 椅子

控制台

控制台

六把餐椅

大理石壁炉造型

块毯 沙发 块毯

客厅·餐厅

大茶几

控制台

长椅

边桌

边桌

A

控制台

现场制作书架

控制台

长椅

A：休息厅椅

在重达数百公斤的壁炉中，嵌进从香港进口的电炉。

用两种不同的块毯将客厅与餐厅区分开来。

平面图

MATERIAL/ 广尾 N 宅邸（施工：aihome）

墙面：AEP 地面：剑麻毯 / Maya Henpl（UES 上田敷物事业部）顶棚：AEP 沙发 / 订制　边桌 / 订制休息厅椅（BAKER）块毯（Safavieh）玻璃桌台灯（Water Ford）圆形控制台（BAKER）圆形镜面（BAKER）餐桌椅 / 法国复古式 吊灯 / 美国造

吊灯及挂在墙高处的艺术画和镜框对露梁的高空间起适当"紧身"的作用。

灰色基调的
时尚空间

公寓式住宅的室内设计通常以白墙白顶为基调，表达个性化空间时则从反方向入手，用白色以外的色彩作为空间设计的基调。本案中的墙面与顶面采用冰灰色，给人以时尚冷酷的印象。同时为了不让人感到单调乏味，作为点缀，墙上贴长条状的瓷砖及胡桃木地板材料，在厨房台面以及背面收纳柜上使用了彩色玻璃等。通过有节制地使用光亮材料，为空间增添了华丽的气氛。

Before

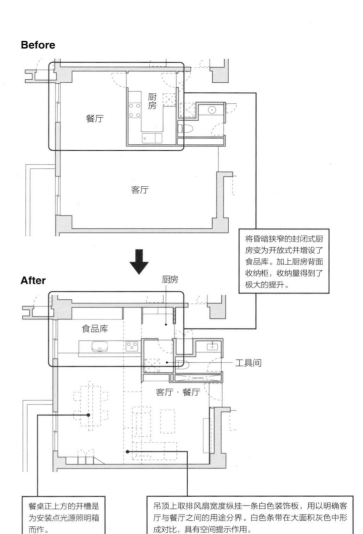

厨房

餐厅

客厅

将昏暗狭窄的封闭式厨房变为开放式并增设了食品库。加上厨房背面收纳柜，收纳量得到了极大的提升。

After

厨房

食品库

工具间

客厅·餐厅

餐桌正上方的开槽是为安装点光源照明箱而作。

吊顶上取排风扇宽度纵挂一条白色装饰板，用以明确客厅与餐厅之间的用途分界。白色条带在大面积灰色中形成对比，具有空间提示作用。

平面图

MATERIAL/一番町 Y 宅邸（施工：ReformQ）

墙面：壁纸/LL-8188（Lilycolor）及装饰壁纸/WVP7143（TOLI）及壁板/复合木地板 20 系列胡桃木 20 透明漆罩面（IOC）及瓷砖/White experience WE-03EAL·WE-03EAT·WE-03EA（advan）地面：复合木地板/复合木地板 20 系列胡桃木 20 透明漆罩面（IOC）顶棚：壁纸/LV-5702（Lilycolor）及 OP 餐桌：ALCEO（Maxalto）餐椅：DCHAIR（LE STANZE）沙发：SONA（arflex）边桌：BRACCO（arflex）块毯（interiors）吊灯：CANCAN（FLOS）

呈 L 形的客厅·餐厅和厨房，从客厅看向厨房。两扇外窗之间的墙面上贴有胡桃木壁板，使之成为趣味中心。

让公共空间的高级感
延伸至进客厅·餐厅

为城市中日益增多的高层塔式住宅做设计时，让住户在公共部分的门厅和大堂感受到生活的高品位，这是最为重要的设计内容。所使用材料的材质也多种多样，然而各住户的室内风格却多半呆板无聊。本案例活用大理石、彩色玻璃等显示高级感的装修材料，将公共部分的高品味延伸至户内。通过大气的沙发与小巧的圆形餐桌形成对比，并设计嵌墙式电视墙，展示奢华的空间氛围。

从窗外看到的是户外起居厅。考虑到从室内看过去的美感，对座椅等家具进行了甄选。

After

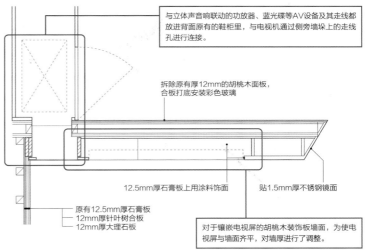

与立体声音响联动的功放器、蓝光碟等AV设备及其走线都放进背面原有的鞋柜里，与电视机通过侧旁墙垛上的走线孔进行连接。

拆除原有厚12mm的胡桃木面板，合板打底安装彩色玻璃

12.5mm厚石膏板上用涂料饰面

贴1.5mm厚不锈钢镜面

原有12.5mm厚石膏板
12mm厚针叶树合板
12mm厚大理石板

对于镶嵌电视屏的胡桃木装饰板墙面，为使电视屏与墙面齐平，对墙厚进行了调整。

嵌入式电视平面详图（1:12）

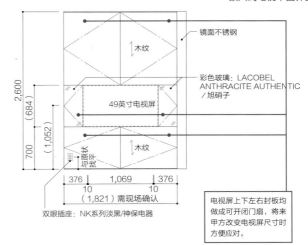

镜面不锈钢

彩色玻璃：LACOBEL ANTHRACITE AUTHENTIC ／旭硝子

木纹

49英寸电视屏

与原状找平

木纹

2,600
(684)
(1,052)
700

376　1,069　376
10　　　　　10
(1,821) 需现场确认

双眼插座：NK系列淡黑/神保电器

电视屏上下左右封板均做成可开闭门扇，将来甲方改变电视屏尺寸时方便应对。

展开图（1:60）

MATERIAL/ 虎之门之丘 M 宅邸（施工：ReformQ ＋内装修协调：May's Corporation）

墙面：大理石／魁北克卡尔尼克（advan）及镜面及彩色玻璃／LACOBEL Anthracite AUTHENTIC ／旭硝子　地面：已有／胡桃木复合地板　顶棚：AEP 装饰线：FL339（MIHASHI）餐桌：COLUMN（arflex）餐椅:RUNE（arflex）沙发：BRERA（arflex）矮桌：BRERA TABLE（arflex）　块毯：ixc.NS4（Cassina）吊灯：Lanterna477（Oluce）　立灯：ALADINO（ARMANICASA）PATIO TEBLE：DEDON（NICHIESU）PATIO CHAIR：DEDON（NICHIESU）艺术品（Art Gallery Closet）

让客厅·餐厅
靠外窗

在公寓式住宅中，通常将主要房间安排在采光好的南侧。有两扇以上落地窗时，很多时候每个落地窗后面便会安排一间房间。将这些房间的隔墙拆除之后，便会形成宽大的空间，这对于改造成客厅·餐厅非常有利。只是窗子不能随意改动，而且尺寸大小也不相同，对于保持房间的整体感是个难题。本案用一个囊括两扇窗子的大型窗边框淡化了每扇窗子的存在感，形成一个有设计感的大尺度洞口。

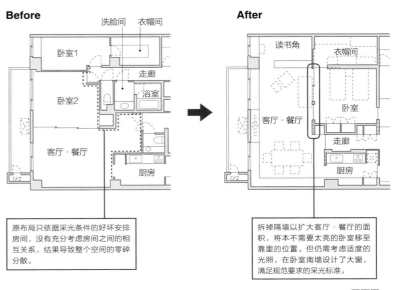

Before

读书角
卧室1
洗脸间　衣帽间
走廊
卧室2
浴室
客厅·餐厅
厨房

原布局只依据采光条件的好坏安排房间，没有充分考虑房间之间的相互关系，结果导致整个空间的零碎分散。

After

读书角
衣帽间
客厅·餐厅
卧室
走廊
厨房

拆掉隔墙以扩大客厅·餐厅的面积，将本不需要太亮的卧室移至靠里的位置。但仍需考虑适度的光照，在卧室南墙设计了大窗，满足规范要求的采光标准。

平面图

MATERIAL/ 高轮 I 宅邸（施工：青）

墙面：AEP 及木壁板 / 复合木地板 40 系列橡木 40White Brushed/IOC　地面：复合木地板 20 系列橡木 20 透明漆罩面（IOC）顶棚：AEP 家具（甲方提供）

将两扇外窗与窗间墙归为一体的木制边框的板材沿横向排列，与地板方向成直角，同时加边条收口，加强大边框的存在感。板幅使用了比地板宽 10mm 的 40mm 宽的复合木地板材料，增强档次感。

色彩趣味
迥异的客
厅和餐厅

如果客厅与餐厅明显分开（拉开距离时），将二者改造成色彩趣味迥异的空间，对凸显分区很有成效。本案在主题色及凹上造型吊顶的设计方面均做了不同的处理。客厅的主题色是灰调子，顶棚根据房间形状做成长方形内带方格的造型吊顶。餐厅的主题色是淡褐色，顶棚采用了圆形造型吊顶。各房间摆放的家具也根据各自的特性进行了调整。

After

活用结构柱的方法之一是将柱子包上贴镜面以增加室内的进深感，但本案中外窗原本很大，包镜面后会形成向外的反射光反而不好，因此反过来在柱边设计了书架和读书角，做成放大的整体柱箱。

靠外窗一侧的箱体内现场打造读书长椅，在天然采光环境中可以惬意地读书。

为把书架的最下格做成装饰格，加大了隔板的深度。

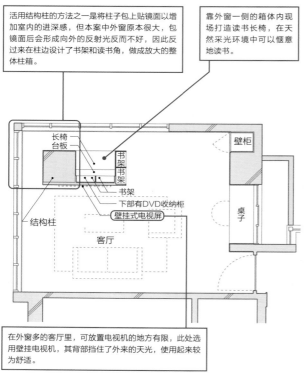

长椅
台板
书架
书架
书架
下部有DVD收纳柜
壁挂式电视屏
结构柱
壁柜
桌子
客厅

在外窗多的客厅里，可放置电视机的地方有限，此处选用壁挂式电视机，其背部挡住了外来的天光，使用起来较为舒适。

平面图

9.99
25
50
书架
12.5 9.5
77
1,170
9.5mm厚石膏板
12.5mm厚石膏板上AEP
电视机
架钉间距30
25mm厚胶合板上OP
2,145
490
250 240
读书角（长椅）
25 25
CD走管4根 φ22
400
510
AV收纳柜
50
400
500
73
29
425
150
踢脚板
519 45 481 12.5 9.5
1,067

利用电视机背后的空间走线，可以让AV设备和电视机连线完全不外露，使得外观整齐清爽。

读书角剖面详图（1:40）

在板墙正面，小型的通用型吸顶筒灯在墙面上打出扇贝状的照明效果。

MATERIAL/ 白金高轮 N 宅邸（施工：ReformQ）

墙面: AEP 地面: 复合木地板 / 斯堪的纳维亚地板 Wide Blank OAEWS(斯堪的纳维亚客厅）及成型板 顶棚 顶棚（客厅）：AEP 及装饰线 · 圆形藻井顶棚（餐厅）：AEP 及装饰线
家具: 甲方提供 地灯: Remy Floor Lamp（Arteriors）水晶灯: 2400with shade（DE MAJO）

光泽不同的
材料交相辉映的
华丽大空间

　　随着客厅·餐厅空间的加大，所使用的材料种类也随之增多，如何最大限度地发挥材料本身的特性，又能保持空间整体的均衡感，特别是如何把握好各种材料的"光泽"非常重要。有光泽的和无光泽的都发挥各自的个性，达到色彩、质感、造型方面的和谐统一，这样即便空间变大，也能生出适度的变化。另外，可通过在大空间中分化出有特色的小角落创造耐看有趣的空间效果。

After

这里的LDK面积超过80㎡，通过细分墙面装修材料，消除了大空间单调乏味的弊端。

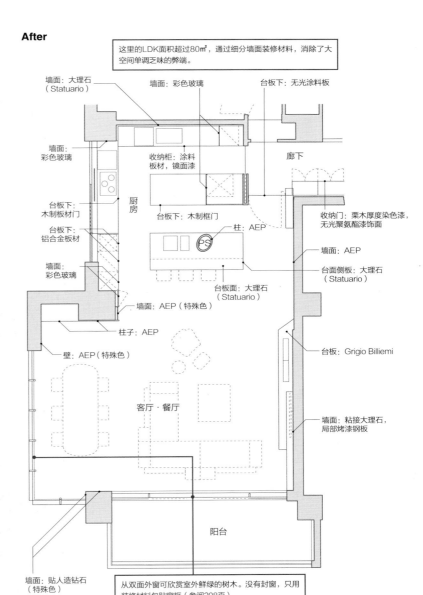

墙面：大理石（Statuario）

墙面：彩色玻璃

台板下：无光涂料板

墙面：彩色玻璃

收纳柜：涂料板材，镜面漆

廊下

台板下：木制板材门

厨房

台板下：铝合金板材

台板下：木制框门

柱：AEP

收纳门：栗木厚度染色漆，无光聚氨酯漆饰面

墙面：彩色玻璃

墙面：AEP

台面侧板：大理石（Statuario）

台板面：大理石（Statuario）

墙面：AEP（特殊色）

柱子：AEP

台板：Grigio Billiemi

壁：AEP（特殊色）

客厅·餐厅

墙面：粘接大理石，局部烤漆钢板

阳台

墙面：贴人造钻石（特殊色）

从双面外窗可欣赏室外鲜绿的树木。没有封窗，只用装修材料包贴窗框（参阅208页）。

平面图

MATERIAL/ 南麻布 K 宅邸（施工：青＋现场制作家具：现代制作所＋厨房：amstyle）

墙壁：AEP 及固定扇玻璃、局部大理石 /Lithoverde（Salvatori）及彩色玻璃 /LACOBEL/ 亮米色（旭硝子） 地面：复合木地板 / 斯堪的纳维亚地板 Wide Blank OAEWS（斯堪的纳维亚客厅） 顶棚：AEP 及木质板材、彩色玻璃 /LACOBEL 纯白色（旭硝子） 餐桌：CONCORDE TEBLE（Polyform） 餐椅：OUTLINE（Molteni） 沙发：WHITE（Minotti）大茶几：特制家具（羽生野亚） 休息厅椅：HUSK（B&B ITALY）水晶吊灯：RAN FRONT（Barobier & Toso） 台灯：Harmon Lamp, Ella Lamp, Ashland Lamp（Arteriors）厨房柜台椅：Ginger（Poltrona Frau）壁挂式音箱：Beolab3（Bang & Olufsen）乙醇暖炉：XL900（EcoSmart Fire）

选用带边桌的转角沙发 WHITE（Minotti），分三处摆放的台灯（Arteriors）加强了奢华感。

现场制作家具
Original Furniture

在公寓式住宅的改造中，现场制作家具不仅可以优化其使用功能，如解决收藏空间不足的问题；对改变户内空间形象也起着重要作用，如将无法移动的结构梁柱藏起，消除不规整的空间形状，将线缆走管部位隐蔽起来等。现场制作家具发挥优势的情况很多，它既是功能性的，也可以创造美，是设计师需要用心留意的领域。

1 用现场制作的收纳柜隐藏结构柱

因结构柱的存在使空间出现凹凸不平时，可利用柱子的进深尺寸做成墙面收纳柜，让人完全意识不到结构柱的存在。本案中，收纳柜做在柱子的两侧，柱面使用与收纳柜相同的饰面材料，在稍稍退后一点的位置上粘贴镜面以加强进深感也是亮点之一（南平台 N 宅邸）。

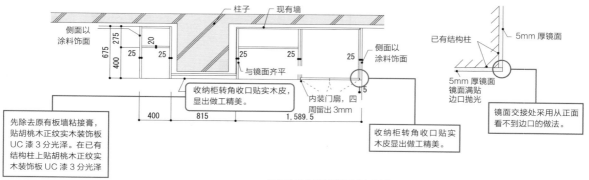

侧面以涂料饰面

675
400
275
20
25 25

柱子   现有墙

25   25

与镜面齐平

侧面以涂料饰面

25

收纳柜转角收口贴实木皮，显出做工精美。

内装门扇，四周留出 3mm

400   815   1,589.5

先除去原有板墙粘接膏，贴胡桃木正纹实木装饰板 UC 漆 3 分光泽。在已有结构柱上贴胡桃木正纹实木装饰板 UC 漆 3 分光泽

收纳柜转角收口贴实木皮显出做工精美。

已有结构柱   5mm 厚镜面

5mm 厚镜面镜面满贴边口抛光

镜面交接处采用从正面看不到边口的做法

墙面收纳柜平面详图（1:50）

镜面详图（1:5）

2 从墙面挑出的大理石收纳柜

从墙面挑出的带台板的收纳柜给人动感十足的印象。使用大理石台板也有助于形成高品质的氛围。此处的墙面为马赛克大理石，组合了乙醇暖炉的大理石台板从墙面挑出。部分台面用于放置电视机和 AV 设备，部分作为装饰格，一扇用彩色玻璃制作的推拉门将电视机和 AV 设备遮挡起来（南麻布 K 宅邸）。

支撑很重的大理石挑台需要如单边挑梁那样，用膨胀螺栓将 60mm 方钢管固定在结构墙上。但在禁止打螺栓的公寓式住宅里有可能无法实现，噪音也可能引发邻里纠纷，因此必须慎重仔细地计划施工方案。

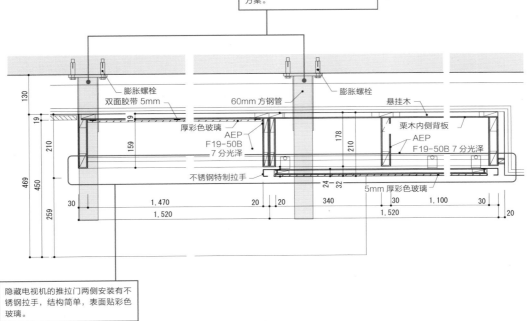

膨胀螺栓
双面胶带 5mm
膨胀螺栓
60mm 方钢管
悬挂木
厚彩色玻璃
栗木内侧背板
AEP
F19-50B
7 分光泽
AEP
F19-50B 7 分光泽
不锈钢特制拉手
5mm 厚彩色玻璃

130
19
19
210
159
178
210
469
450
24
32
259
30
1,470
20
20
340
30
1,100
30
1,520
1,520
20

隐藏电视机的推拉门两侧安装有不锈钢拉手，结构简单，表面贴彩色玻璃。

墙面收纳柜平面详图（1:12）

3 用门形边框统一长椅和收纳柜

加强玄关使用便利性的方法之一是现场打造一处长椅。为使长椅在设计感上与墙面较好地融合，推荐门形边框组合法。在门形边框里安装扶手，长椅背景墙可贴马赛克瓷砖或采用彩色玻璃，这样可以提升装饰感，整面墙则以嵌入边框顶部的筒灯照明（赤坂 S 宅邸）。

扶手棍安装在随后长椅前沿的位置，为的是突出木边框效果。

扶手

36
50

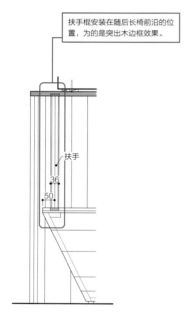

20mm厚胡桃木正纹实木装饰板UC漆3分光泽

110 15

现场制作

20 10
20
2,220

30 392 8

30

675
1,075

5mm厚彩色玻璃

20

坐面：20mm厚胡桃木正纹实木装饰板UC漆3分光泽，支撑体安装完后嵌入

20mm厚胡桃木正纹实木装饰板UC漆3分光泽

400
790

75°

10

180 392 212
50 8
450
12

长椅立面内斜75°，看上去显得挺拔。

吊顶边框用钉枪固定在基层，边框与墙壁（彩色玻璃）交接处留3mm缝，显示阴影效果。

长椅背面彩色玻璃与通向卫生间和厨房的平开门之间的交接，门的位置调整为与墙面齐平。

长椅背板墙的边口用不锈钢封边，显得干净利索。

平开门：20mm厚胡桃木正纹实木装饰板UC漆3分光泽

420
392

3
5 3

18
22

3

扶手：胡桃木

36
50 50

15
30

30

10 20 1,111.5 50 1,060.5
2,773
2,833

15

现场制作长椅平面详图（1:15）

4 可用于开会和工作的不规则桌子

家具与空间形态的契合性，有时也会制作原创桌子。此处制作的是可供三人开会，放置两台 PC 机，脚下有文件收纳柜的折线形不规则桌子。为了使整体造型看上去挺拔硬朗，充分运用了钢材作为支撑结构，同时对面板前端实施斜面加工，细部进行了精心设计（六本木 T 宅邸）。

为避免发生铅笔污染、划伤、划痕，面板采用了 AICA 工业的三聚氰胺装饰板。

为使桌子结构坚固，桌面板需要有一定的厚度，但这样会使桌子外观失去轻盈挺拔感，因此对桌面板进行了斜坡处理，从客厅方向看时桌面显薄。

面板：三聚氰胺板材 Celsus/TK-6206K（AICA 工业）
边框：3mm 厚胡桃木正纹实木装饰板 UC 漆
边口：贴相同材料木皮

走线孔：同面板做法

同色

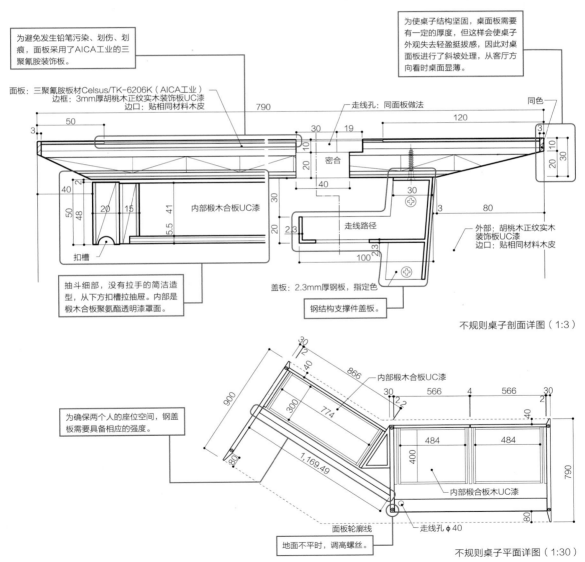

内部椴木合板 UC 漆

扣槽

密合

走线路径

外部：胡桃木正纹实木装饰板 UC 漆
边口：贴相同材料木皮

抽斗细部，没有拉手的简洁造型，从下方扣槽拉抽屉。内部是椴木合板聚氨酯透明漆罩面。

盖板：2.3mm 厚钢板，指定色

钢结构支撑件盖板。

不规则桌子剖面详图（1:3）

为确保两个人的座位空间，钢盖板需要具备相应的强度。

内部椴木合板 UC 漆

内部椴合板木 UC 漆

面板轮廓线

走线孔 φ40

地面不平时，调高螺丝。

不规则桌子平面详图（1:30）

厨房
KICTHEN

在住宅空间中，使用差异性最大的大概就是厨房了。有人喜欢将封闭式的改成开放式的，也有人的想法正好相反。有希望和客人一道做菜，需要宽敞的厨房的；也有愿意尽量紧凑，将挤出的面积用于加大客厅的。

一般意义上的厨房翻新，意在更新整体式烹饪设备或增大收纳空间，以及将装修材料更换成新的材质。如果设计师介入改造，会从解决根本性问题角度入手，重新设计的厨房会更便于使用。

当然，改造规模越大，所需费用也越高，但是厨房的问题很多是无法通过更换设备得到解决的。会经常见到这样的事例：为了憧憬的开放式厨房实施改造，但餐后收拾变得不顺畅，不便于在家请客；没有预料到改造会使餐厅变窄，扩大厨房后使用很不方便等等。因此，需要设计师从全局的角度对厨房空间进行重构，这一点非常重要。

厨房设计由五个因素决定，①与餐厅之间的开闭关系、②烹调设备—水池—冰箱三者的相对位置、③操作台的长度、④动线、⑤收纳能力。在此基础上，考虑操作台和柜门的材质、色泽及设计感，收纳空间的创意，墙面的装饰性等，形成设计亮点。

此外，厨房的一体式烹饪设备在不断推陈出新，放在操作台板上的烹调家电也在日新月异地多样化。用于操作台的材料已不仅限于不锈钢和人造大理石，其他（如人造水晶石和大型陶瓷板等）新材料的可选择范围也在扩大。在这样的形势下，不仅要通过杂志和产品目录了解其信息，还要经常光顾厂商的展厅，以获取有关最新设备和材料的信息。

有装饰感的
凹字形厨房

　　让连通客厅和餐厅的开放式厨房看上去美观的关键，在于设计时注意增强各个部分的整体感。例如，在厨房中重复使用客厅和餐厅的装修材料。在本案中，厨房墙面使用了与餐厅地面相同的瓷砖，虽然缩减了收纳量，但实现了没有吊柜分隔厨房和客厅·餐厅的通畅空间。另外，厨房操作台与下方的收纳部分都采用了胡桃木实木装饰板，成为吸引人的视觉亮点。

Before

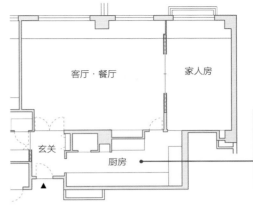

客厅·餐厅

家人房

玄关

厨房

这是一处独立于客厅和餐厅的封闭式厨房。虽然可以从门厅直接进入，但内部空间关系并未理顺，称不上好用。

After

客厅

餐厅

放葡萄酒窖处

食品库

玄关

厨房

洗衣间

平面图

改造成凹字形的开放式厨房后，新增了食品库和洗衣间，空间用途得到了细分和整合。

MATERIAL/ 南麻布 S 宅邸（ReformQ+ 厨房：Cucina）

墙面（厨房）：瓷砖 / I MARMI Grigio（advan）墙面（客厅·餐厅）：壁纸和大理石 /Grigio Biriemi 地面（厨房）：瓷砖 /Evolution marble（MARAZZI）及 I MARMI Grigio（advan）地面（客厅·餐厅）：复合木地板 / 复合木地板 40 系列热带橡木 40 Ebony Oil（IOC）地面（餐厅）：瓷砖 /Evolution marble（MARAZZI）顶棚（厨房）：壁纸顶棚（客厅·餐厅）：壁纸 厨房：订制（Cucina）厨房操作台：人造水晶石 / Vanilla Noir（恺撒石）门板：HACHIYAMA（Cucina）电磁炉：3 眼 IH（Panasonic Eco SolutionsCompany）水龙头五金件：K4（Grohe）洗碗机：W600（Miele）排气罩：Federica（ARIAFINA）烤箱：一体式烤箱（Panasonic Eco SolutionsCompany）冰箱：甲方提供（Panasonic Eco SolutionsCompany）

为使宽敞的客厅不显得单调，从左至右的厨房、电视墙、门厅，各部分的材质、门板设计都有所变化。

带挑出台板的
半岛型厨房

　　设计一室一厅的公寓式住宅时，为使有限的空间用起来尽量显得宽敞，可选择餐桌与厨房操作台连为一体的方案。本案结合长方形房间形状设计了半岛形台板，利用挑出部分作为餐桌。极薄的台面板用钢板支撑，用人造水晶石饰面，形成面向客厅方向、充满动感的大出挑半岛型厨房。为了使煤气灶一侧的墙面不至于单调，使用了彩色玻璃和柱子造型，以便与客厅的装修风格相适应。

Before

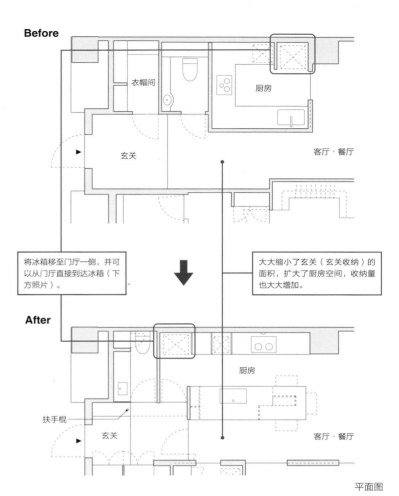

衣帽间

厨房

玄关

客厅 · 餐厅

将冰箱移至门厅一侧，并可以从门厅直接到达冰箱（下方照片）。

大大缩小了玄关（玄关收纳）的面积，扩大了厨房空间，收纳量也大大增加。

After

扶手棍

厨房

玄关

客厅 · 餐厅

平面图

为了从门厅不至于一眼看穿客厅，房间门没有做成全玻璃的，而是只留一条玻璃，其余部分做成平板门。

MATERIAL/ 赤坂 S 宅邸（施工 ReformQ + 厨房：amstyle）

墙面：AEP 及彩色玻璃 /GS3 · EB4（NSG interior）及三聚氰胺不燃装饰板 / CERARLFKJ6117ZYD24（AICA 工业）及镜面涂装板 / 与定制厨房相同 地面：复合木地板 / 斯堪的纳维亚地板 Wide Blank OAEWS（斯堪的纳维亚客厅）顶棚：AEP 厨房：订制（amstyle）

与客厅墙面融为一体的厨房台板

既想实现与客厅·餐厅空间的连通,又不愿意让外边的人看到手头的操作,对于这种需求推荐半开放的厨房。此时,隐藏手部操作的裙墙与上方垂墙的面材做法成了关键。这里的L型半开方式厨房为遮挡水槽处设计了一处稍高的柜台,面向房间一侧的立面粘贴了与客厅·餐厅墙面相同的瓷砖,并且再三考量砖缝的位置,使其形成整齐的直线。厨房吊柜侧面贴彩色玻璃,收边条与瓷砖缝对齐。

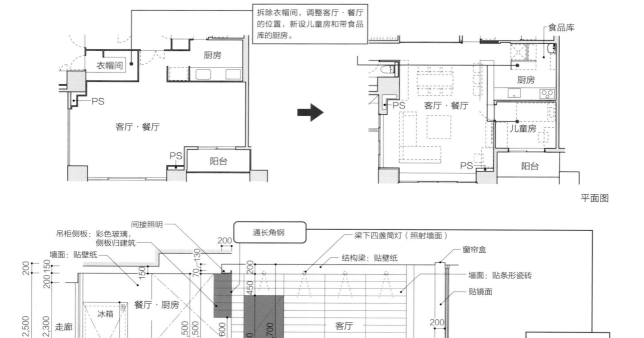

Before

After

拆除衣帽间,调整客厅·餐厅的位置,新设儿童房和带食品库的厨房。

平面图

展开图(1:80)

MATERIAL/ 台场 K 宅邸(施工:SOU + 厨房:Cucina)

墙面(厨房):壁纸 /LL-8694(Lilycolor)及厨房壁板 /CERARLFKM6000ZGN(AICA 工业)墙面(客厅·餐厅):瓷砖 /Marvelous MVL-1590G(平田瓷砖)地面(厨房):瓷砖 /Vstone VS-4848SC(平田瓷砖)地面(客厅·餐厅):复合木地板 /斯堪的纳维亚地板 Wide Blank OAEWS(斯堪的纳维亚客厅)顶棚:内装修专用不燃板 /Real panal Rustic nara Rustic real mat clear 饰面(NISSIN EX)厨房:订制(Cucina)厨房台面:人造大理石 / Fiore Stone Olive Roche · Silestone Alpina White(AICA 工业)门板:彩色玻璃 /GS3(NSG Interior)

连接洗脸台的
细长厨房

在公寓式住宅改造中，重新规划盥洗空间时总会遇到因管道竖井无法移动而限制布局自由度的困难。将横向排水导管隐藏在柜体内，可以保证规定的排水坡度，盥洗空间的平移就会变得较为自由。在本案中，沿墙面设计了长条的可洗脸和供厨房使用的柜台，将排水横管隐藏在柜体内。长度达 8m 的人造大理石台面无拼缝，犹如一张整板，特殊订制的餐桌也采用了同样的材质，提升了空间的整体感（参阅 8-9 页）。

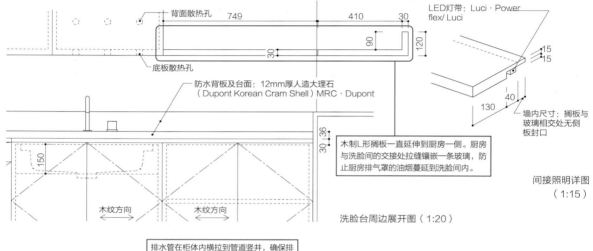

背面散热孔
749   410   30
底板散热孔
90   120
30
LED灯带：Luci·Power flex/ Luci
15
15
40
130
墙内尺寸：搁板与玻璃相交处无侧板封口

防水背板及台面：12mm厚人造大理石（Dupont Korean Cram Shell）MRC·Dupont

150

30   36

木纹方向   木纹方向

木制L形搁板一直延伸到厨房一侧。厨房与洗脸间的交接处拉缝镶嵌一条玻璃，防止厨房排气罩的油烟蔓延到洗脸间内。

洗脸台周边展开图（1:20）

间接照明详图
（1:15）

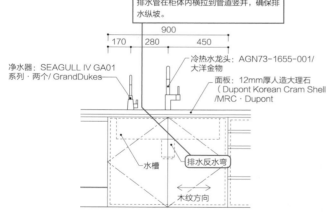

排水管在柜体内横拉到管道竖井，确保排水纵坡。
900
170   280   450

净水器：SEAGULL IV GA01 系列·两个/ GrandDukes

冷热水龙头：AGN73-1655-001/大洋金物
面板：12mm厚人造大理石（Dupont Korean Cram Shell /MRC·Dupont

水槽

排水反水弯

木纹方向

水槽周边展开图（1:30）

洗脸台和厨房操作台的高差与防水背板高度取齐，看上去像是整体成型的，这样做也方便镶嵌玻璃隔断。

MATERIAL/ 神户 M 宅邸（施工：越智工务店）

墙面：AEP 及特殊涂料 /PORTRER'S PAINTS（NENGO）及厨房壁板 /WP03221（SANWA COMPANY）地面 复合木地板/斯堪的纳维亚地板 Wide Blank OAEWS(斯堪的纳维亚客厅）顶棚 AEP 厨房：订制 厨房操作台：人造大理石 /Dupont Korean Cram Shell（MRC·Dupont）水槽：SQR7840（H&H Japan）水龙头五金件：AGN73-1655（大洋金物）洗碗机：NP-45MD5W（Panasonic Eco SolutionsCompany）电磁炉：MY CHOICE Clear Silver 321G10S（52-4230）（RINNAI）烤箱：原有 排气罩：Minimal 6040W（SANWA COMPANY）净水器：SEAGULL IV GA01 系列 X2-GA01（GrandDukes）洗脸盆：L620（TOTO）冷热水龙头：VL090GR-16（CERA Trading）Popup 排水五金件：T7SW7（TOTO）

带两个环岛式台板的体育场型厨房

　　对于喜欢开家庭派对的人，或使用多种烹饪设备和瞄准大厨手艺水平的人来说，大部分公寓式住宅的厨房都显窄小。设想住户的主人亲自为众多客人准备派对菜品时，应当考虑一面做菜的台面和另一面备餐用的台面。本案考虑应对人数多的情况，设计了两面岛式操作台。操作台内组合了 4 个冰箱（含葡萄酒窖）、2 个烤箱、1 台加热机、2 个水槽。

煤气灶、排气罩与一体式收纳组合柜使大面积外窗从室内侧局部遮挡。排气罩做成箱形是了为让风管躲开现有的结构梁。

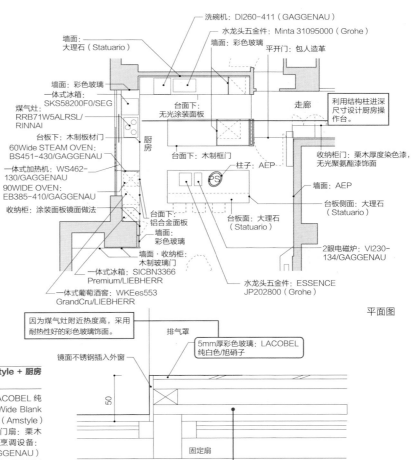

洗碗机：DI260-411（GAGGENAU）
水龙头五金件：Minta 31095000（Grohe）
墙面：大理石（Statuario）
墙面：彩色玻璃
平开门：包人造革
墙面：彩色玻璃
一体式冰箱
煤气灶：RRB71W5ALRSL/RINNAI
SKS58200F0/SEG
台板下：木制板材门
60Wide STEAM OVEN：BS451-430/GAGGENAU
一体式加热机：WS462-130/GAGGENAU
90WIDE OVEN：EB385-410/GAGGENAU
收纳柜：涂装面板镜面做法
台面下：无光涂装面板
台面下：木制框门
走廊
利用结构柱进深尺寸设计厨房操作台。
收纳柜门：栗木厚度染色漆，无光聚氨酯漆饰面
墙面：AEP
台板侧面：大理石（Statuario）
柱子：AEP
墙面·收纳柜：木制玻璃门
台面下：铝合金面板
墙面：彩色玻璃
台面面：大理石（Statuario）
2眼电磁炉：VI230-134/GAGGENAU
一体式冰箱：SICBN3366 Premium/LIEBHERR
水龙头五金件：ESSENCE JP202800（Grohe）
一体式葡萄酒窖：WKEes553 GrandCru/LIEBHERR

平面图

因为煤气灶附近热度高，采用耐热性好的彩色玻璃饰面。
排气罩
5mm厚彩色玻璃：LACOBEL 纯白色/旭硝子
镜面不锈钢插入外窗
50
固定扇
用白色胶合板将玻璃部分封死，避免从室外看到炉灶一带。

外窗平面详图（1:4）

MATERIAL/ 南麻布 K 宅邸（施工：青＋厨房：Amstyle＋厨房咨询：岸本惠理子）

墙壁：AEP 及玻璃及大理石 /Statuario 及彩色玻璃 /LACOBEL 纯白色（旭硝子）地面：复合木地板 / 斯堪的纳维亚地板 Wide Blank OAEWS（斯堪的纳维亚客厅）顶棚：AEP 厨房：订制（Amstyle）厨房台板：大理石 /Statuario 及陶瓷及卷丝不锈钢门扇：栗木水纹装饰板及灰色麻面涂装·白色涂装及卷丝铝合金烹调设备：DELICIA GRiLLER（RINNAI）及双眼电磁炉（GAGGENAU）烤箱：GAGGENAU 90 WIDE OVEN（GAGGENAU）·STEAM OVEN（GAGGENAU）·一体式餐具保温库（GAGGENAU）水龙头五金件：Minta Essence（Grohe）水槽（Amstyle）洗碗机（GAGGENAU）排气罩（Amstyle）冰箱：台板下一体式冰箱（AEG）·一体式冰箱（LIEBHERR）·一体式葡萄酒窖（LIEBHERR）吊灯：28Series 28.1（BOCCI）

将橱柜嵌入壁橱的
紧凑型厨房

　　厨房使用频率低时，尽量使其小且紧凑也是一种合理的考虑，可以利用客厅·餐厅的部分墙壁设计厨房，也就是就一整面墙设计包含厨房功能的大面积壁柜和壁橱。这里展示的厨房不仅对饰面材料、搁架尺寸、拉手尺寸、安装位置甚至分隔缝的宽度都进行了统一处理，冰箱也完全纳入墙面收纳系统，使得厨房和就墙面设计的家具形成一个整体。厨房墙面用彩色玻璃替代通常的定型壁板，成为装饰亮点。

平面图

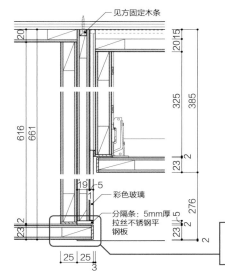

由柜门、冰箱和厨房操作台形成的直线脚很漂亮。

电磁炉

厨房周边平面详图（1:80）

见方固定木条

彩色玻璃

分隔条：5mm厚
拉丝不锈钢平
钢板

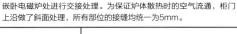

贴于厨房侧墙板上的彩色玻璃与橡木擦白柜门进
行交角处理。用不锈钢分隔条盖住彩色玻璃的边
口，平视时给人以挺拔利落的感觉。

厨房周边平面详图（1:6）

嵌卧电磁炉处进行交接处理。为保证炉体散热时的空气流通，柜门
上沿做了斜面处理，所有部位的接缝均统一为5mm。

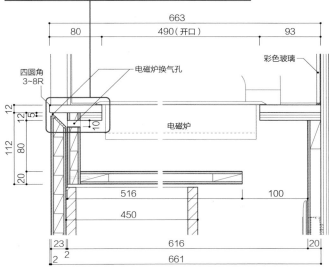

电磁炉换气孔

彩色玻璃

四圆角
3~8R

电磁炉

厨房周边剖面详图（1:6）

MATERIAL/ 中央区 S 宅邸（施工：高岛屋 SPACE CREATES）
墙面：彩色玻璃 /LACOBEL 天然褐色（旭硝子）及壁纸 /WVP7577
（TOLI）地面：地毯 /HDC-808-02・HDC-809-02（堀田地
毯）顶棚：壁纸 /WVP7577（TOLI）・SG542（SANGETSU）
厨房：现场制作 厨房操作台：人造大理石 /Dupont Korean 鲱鱼白
（MRC・Dupont）门板饰面：橡木涂装擦白 水龙头五金件：原
有（TOTO）电磁炉：AH1326CA（AEG）烤箱：NE-WB761P
（Panasonic Eco SolutionsCompany）排气罩：SERL-3R-601
（富士工业）

与吧台和酒窖连成一体的开放式厨房

开放式厨房非常引人注目。从客厅·餐厅方向看过去时，为了使厨房内部不显得杂乱，也为了使用更方便，需要确保厨房内有足够的收纳空间。本案例围绕岛式操作台，两侧布置了酒吧角和食品库。专为主人设计了极具品质的不设门酒吧角，并加设了辅助小水槽。为了便于食品堆放，为步入式食品库安装了门。

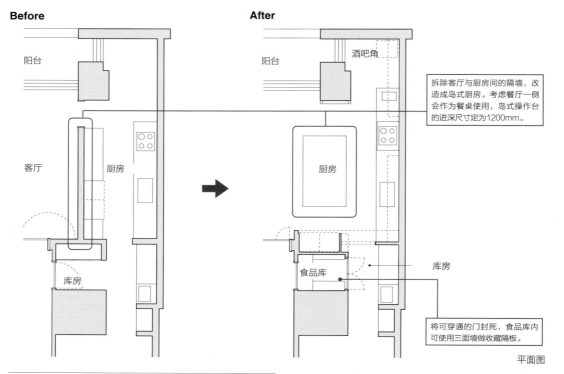

Before

阳台
客厅
厨房
库房

After

阳台
酒吧角
厨房
食品库
库房

拆除客厅与厨房间的隔墙，改造成岛式厨房。考虑餐厅一侧会作为餐桌使用，岛式操作台的进深尺寸定为1200mm。

将可穿通的门封死，食品库内可使用三面墙做收藏隔构。

平面图

MATERIAL/ 南麻布 MT 宅邸（策划·施工：ZEKE+ 厨房：SSK）
墙面：壁纸及 AEP 地面：复合木地板 / 斯堪的纳维亚地板 Wide Blank OAEWS（斯堪的纳维亚客厅）顶棚：壁纸 厨房：订制（SSK）厨房壁板：GRACE WHITE 特制厨房壁板：和纸玻璃（HANAMURA）厨房操作台：黑色御影石 / 津巴布韦黑门板饰面：樱木实木装饰板聚氨酯涂装水槽：不锈钢水龙头五金件：K4（Grohe）洗碗机：现有再利用（Miele）煤气炉：PLACE DE（HARMAN）电磁炉：HCR65B1J（Brandt）烤箱：多功能烤箱（现有再利用）排气罩：Simona Due（ARIAFINA）

从客厅方向看厨房，背面的收纳柜处设计了多处间接照明光带，使得空间更宽敞。

图片：ZEKE

改变操作台与收纳空间的布局

厨房设计中重要的不只是外观漂亮,烹饪操作时是否好用更为重要,特别是当操作台、水槽、冰箱的相对位置处理不好时,不但会使操作中的动线变得复杂,也容易影响心情。因此,在推敲方案时需要充分考虑烹饪流线的合理性。本方案中,首先拆除了阻挡操作动线的收纳立柜,新设了放置微波炉和电饭煲的台面,接下来将离水槽较远的存放垃圾的抽斗移至水槽附近,大幅提升了使用的便捷性。转角操作台水槽和炉灶做成不同的高度,让使用更舒适方便。

Before

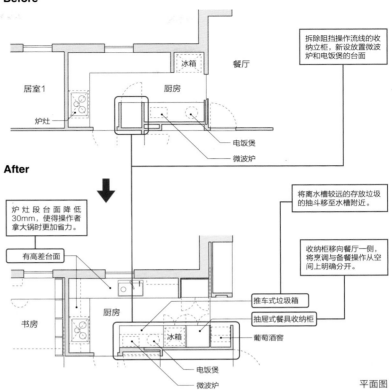

拆除阻挡操作流线的收纳立柜，新设放置微波炉和电饭煲的台面

居室1

餐厅

冰箱

炉灶

厨房

电饭煲

微波炉

After

炉灶段台面降低30mm，使得操作者拿大锅时更加省力。

将离水槽较远的存放垃圾的抽斗移至水槽附近。

收纳柜移向餐厅一侧，将烹调与备餐操作从空间上明确分开。

有高差台面

书房

厨房

推车式垃圾箱

抽屉式餐具收纳柜

葡萄酒窖

电饭煲

微波炉

平面图

这是设在餐厅一侧的带收纳吊柜的葡萄酒窖。右侧是位于厨房和餐厅之间的采用与墙垛相同饰面材料的推拉门。

MATERIAL/ 白金台 S 宅邸（施工：青＋厨房：SSK）

墙面：厨房壁板及 AEP 地面：复合木地板 / 斯堪的纳维亚地板 Wide Blank OAEWS（斯堪的纳维亚客厅）顶棚：AEP 厨房：订制（SSK）厨房操作台：人造大理石 /Dupont Korean Cram Shell · Rain Cloud（MRC · Dupont）门板饰面：鬼胡桃实木装饰板 水槽：不锈钢水龙头五金件：TKN34PBTN（TOTO）洗碗机：现有再利用（Miele）煤气炉：PLACE DE（HARMAN）排气罩（富士重工）葡萄酒窖：COMPACT59（EuroCave）

用半高墙藏起
成品操作台
增加间接照明

　　将成品操作台用于开放式厨房时，可用高档材料打造半高墙将其藏起，使得从客厅·餐厅方向看不到操作台本体。本案设计了一段彩色玻璃饰面的半高墙，顶部加盖了出挑的人造大理石板，利用石板的深度安装了LED光带，展示玻璃半高墙的光影效果。厨房内收纳柜板采用全光泽涂装，墙面采用大理石风瓷砖贴面，形成风格统一的空间氛围。

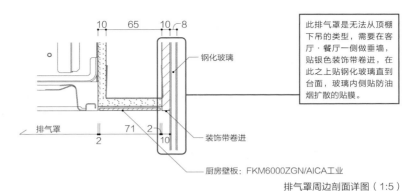

此排气罩是无法从顶棚下吊的类型，需要在客厅·餐厅一侧做垂墙，贴银色装饰带卷进，在此之上贴钢化玻璃直到台面，玻璃内侧贴防油烟扩散的贴膜。

10　65　10　8

钢化玻璃

排气罩　71　2
2　10

装饰带卷进

厨房壁板：FKM6000ZGN/AICA工业

排气罩周边剖面详图（1:5）

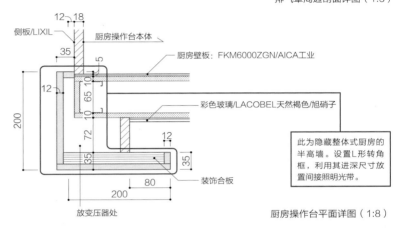

12　18

侧板/LIXIL

厨房操作台本体

35

厨房壁板：FKM6000ZGN/AICA工业

5
12　65　10
10

彩色玻璃/LACOBEL天然褐色/旭硝子

200

72

35

35

12

装饰合板

80

200

放变压器处

此为隐藏整体式厨房的半高墙。设置L形转角框，利用其进深尺寸放置间接照明光带。

厨房操作台平面详图（1:8）

MATERIAL/ 一番町 Y 宅邸（施工：ReformQ）

墙面：壁纸/LL-8188·LV-5702·LV5480（Lilycolor）及壁板/复合木地板20系列胡桃木20透明漆罩面（IOC）及瓷砖/White experience WE-03EAL·WE-03EAT·WE-03EA（advan）地面：瓷砖/mineral D Living brown（advan）顶棚：壁纸/LV-5702（Lilycolor）整体式厨房：SIERRA（LIXIL）厨房操作台立墙盖板：水晶石/Wisteria（Cultured Quartz）厨房操作台正面：彩色玻璃/LACOBEL? 天然褐色（旭硝子）排气罩：Serl-3r-901SI（富士工业）间接照明：Luci·silux（Luci）遮光帘：Silhouette Shade（Hunterdouglas）

厨房需要重视功能性，因此照明灯具增多，顶棚设计容易变得杂乱。按照空调出风口的宽度，在吊顶上设置了一条三聚氰胺装饰板，将吸顶筒灯排列在板材上。

用圆柱遮挡
管道井
并形成趣味点

在公寓式住宅里存在贯通上下层、容纳上下水管的管道井。过度在意管井的存在，就会降低盥洗空间布局的自由度。对此并不是没有应对的办法，如将管井包起来形成一根柱子，让柱子成为点缀空间的装饰物。本案在管井处设计了一处岛式操作台，将管井做成一根白色的圆柱，起到点缀作用。操作台和圆柱无缝交接，看上去只能是厨房的一部分。

MATERIAL/ 杉井区 S 宅邸（施工：青＋厨房：DECOPIC）

墙面：AEP 地面：复合木地板／橡木天然透明漆罩面（MURPHY）
顶棚：AEP 厨房：订制 DECOPIC 厨房操作台：人造水晶石／恺
撒石（CONFORT）煤气炉：HG30200B-B-LP（AEG）电磁炉：
HE30200B-B（AEG）洗碗机：G5100SCi（Miele）电烤箱：
H5240BP（Miele）排气罩：Stilo-isola 不锈钢（FABER）净
水器：TK304AX（TOTO）水龙头五金件：K4 32668000（Grohe）
餐厅吊灯：CABOCHE（Foscarini）

（上图）DECOPIC 是德国的高级订制厨房品牌。此处选用了人造水晶石台面
2.8m*1.2m/凯撒石（CONFORT）、收纳门板 OLIVE、排气罩用 Stilo-isola 的不
锈钢（FABER）、水龙头五金件用 K432668000（Grohe）、水槽是 DECOPIC
原创水槽。背面的收纳立柜门板用镜面涂装，电烤箱为整体式 H5240BP（Miele）（下
图），灶具为两台煤气炉和两台电磁炉。煤气炉采用 HG30200B-B-LP（AEG），
电磁炉采用 HE30200B-B（AEG）。

隐藏在餐厅折叠门后的小吧台

在客厅·餐厅里设置小吧台时，要注意它对空间整体性的影响。如果想让空间显得干净利索，可采取将其藏在折叠门等内门后面的做法。此时，应最大限度地关注门扇与周围墙面的交互关系，门扇与墙面、门扇与门扇之间的缝隙统一宽度的话，可使平时的门扇看上去像一堵装饰墙。本案从左数第二扇门用来隐藏小吧台，第三扇是固定扇，第四扇是通向厨房的平开门，门把手均采用同一颜色的特制产品。

After

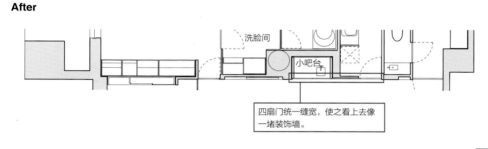

四扇门统一缝宽，使之看上去像一堵装饰墙。

平面图

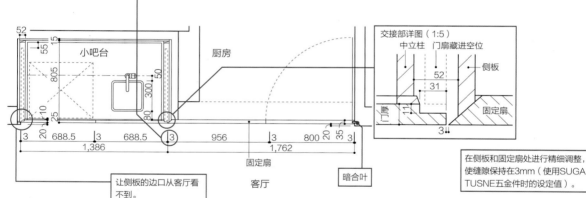

使用SUGATUSNE五金件设定的设计尺寸

交接部详图（1:5）

中立柱　门扇藏进空位

侧板

固定扇

在侧板和固定扇处进行精细调整，使缝隙保持在3mm（使用SUGATUSNE五金件时的设定值）。

小吧台平面详图（1:40）

让侧板的边口从客厅看不到。

MATERIAL/ 六本木 T 宅邸（施工：辰）

墙面：AEP 及水泥砂浆（四国化成工业）地面：复合木地板 / 斯堪的纳维亚地板 Wide Blank OAEWS（斯堪的纳维亚客厅）顶棚：AEP 餐桌：Nean（Cassina）餐椅：Cab（Cassina）艺术品：中込靖成（Art Gallery Closet）小水槽：Alm/m300-300（中外交易）水龙头五金件：14863004（Hansgrohe）葡萄酒窖：Angel share WD-305（Devicestyle）

小吧台附近的餐桌的正面是一面灰色调的抹灰墙，墙上的艺术画由埋在地板中的地灯打亮。

家具选购
Selected Furniture

购置家具时的要点是，要同时考虑房间的地面、墙面以及现场制作家具的材质、颜色和造型，而后确认面料的触感是否舒适，档次和颜色是否合自己的口味等因素的基础之上确定欲购买的家具。另外一个要领是，不要集中购买一个品牌，否则会让居室看上去像品牌的展厅。建议组合若干个品牌的产品，在此过程中体现自己的个性，同时摸索最适合自己家居风格的配置方案。

1 Molteni + Minotti

2 Cassina + Arflex

3 Minotti + 艺术家原创家具

1 餐桌：Diamond（Molteni）餐椅：FLYNT CROSS BASE（Minotti）代官山 T 宅邸 **2** 餐桌：CENA（Cassina）餐椅：JK（Arflex）中央区 S 宅邸 **3** 沙发：WHITE（Minotti）大茶几：订制（羽生野亚）南麻布 K 宅邸

4 Riva 1920+ Minotti

5 Vecchio e nuovo

6 Molteni + 订制家具

7 Arflex+ ARMANI/CASA

4 餐桌：Celerina（Riva 1920）餐厅长椅：Celerina（Riva 1920）餐椅：LOVING（Minotti）南平台 N 宅邸 5 乙醇暖炉：COCOON（Vecchio e nuovo）代官山 T 宅邸 6 电视柜：PASS（Molteni）大茶几：订制（YAMASHITA PLANNING OFFICE）南青山 Y 宅邸 7 沙发：BRERA（Arflex）大茶几：BRERA（Arflex）立灯：ALADINO（ARMANI/CASA）虎之门大厦 M 宅邸

8 FLOU+Minotti

9 IDEC +FUGA

10 POLYFORM + Molteni

8 床：Alicudi（FLOU）休息厅椅：JENSEN（Minotti）南平台N宅 9 邸沙发：CONSETA（IDEC）立灯：LAFIBULEHILARE（FUGA）神户M宅邸 10 餐桌:CONCORDE（POLYFORM）餐椅：OUTLINE（Molteni）休息厅椅：HUSK（B&B ITALY）南麻布K宅邸

11 Maxalto + LE STANZE

Arflex + Cassina 12

11 餐桌: ALCEO(Maxalto)餐椅: D CHAIR(LE STANZE) 一番町Y宅邸 12 沙发: Naviglio (Arflex)餐桌: Nean(Cassina)餐椅: Cab(Cassina)六本木T宅邸 13 餐桌: FLY(FLEXFORM) 餐椅: GARDA (INTERIORS) 六本木N宅邸

13 FLEXFORM + INTERIORS

"玄关"的意思出人意料地模糊。要问玄关和玄关门厅有区别吗？定义并不简单。佛教用语里的"玄关"是"深奥的佛门入口"之意，精神世界方面的含义浓于物性意义。

正如"玄关"定义的不明确性，这里被要求实现的功能也各种各样。首先是出入口功能，如设置长椅、扶手会让人感觉方便，有穿衣镜和放雨伞、帽子、自行车或汽车钥匙的地方更好。至于登堂框，在内走廊式的公寓式住宅里因为有平入无高差的情况，设定换鞋的标线也很重要。

其次是待客功能。例如，有宅急送上门或邻居有事突然到访，这时都需要迎进玄关交谈，要有长椅，而且要有一扇内门以免从玄关看穿客厅内的情况。

接下来是防入侵功能。内走廊式的住宅有多重门时问题不是太大，但玄关门确实担负着安全防范的重大责任。门上应安装双钥匙锁以及能够确认来访者身份的猫眼和门链。

通风功能也很重要，虽然它和防入侵功能有相左之处。北侧外廊的小区公寓式住宅即便南向的客厅有窗，但很多情况是靠外廊一侧不开窗，所以户门就成了南北通风的必要通风口。

如上，玄关要求的功能很多，但观察一下现有的公寓式住宅，大多只重视外观的档次，而缺乏对合理使用方面的追求。

对于必需的功能，如北侧外廊型 or 户内走廊型，警戒线与保护隐私的做法等，需要从功能取舍入手，赋予每项功能以优选次序，设计中注意保持空间的整体感，这样自然能够做出代表一家"面貌"的玄关空间。

立于玻璃与
镜子之间的
黑檀木门

玄关与客厅·餐厅靠近时，最好设计一种让人能从玄关看到客厅·餐厅一角的空间装置。将内门的墙垛做成透明的，让视线可以从该处穿透过去，问题是要在多大程度上展示客厅·餐厅？重视隐私保护时，可将一侧做成整面镜子，这样使用功能和设计均衡感都得以满足。本案便设计了一扇高级紫檀木装饰板制作的通高门，两边墙垛采用玻璃和镜面设计，门框用镜面不锈钢装饰，更增强了透明感。

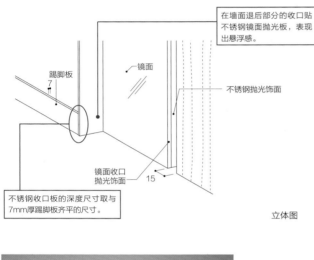

踢脚板
7

镜面

在墙面退后部分的收口贴不锈钢镜面抛光板，表现出悬浮感。

不锈钢抛光饰面

镜面收口抛光饰面

15

不锈钢收口板的深度尺寸取与7mm厚踢脚板齐平的尺寸。

立体图

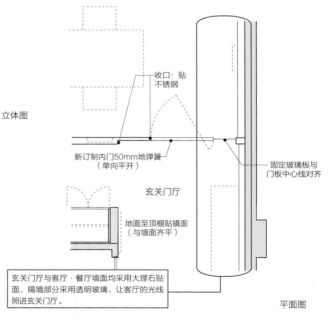

收口：贴不锈钢

新订制内门50mm地弹簧（单向平开）

固定玻璃板与门板中心线对齐

玄关门厅

地面至顶棚贴镜面（与墙面齐平）

玄关门厅与客厅·餐厅墙面均采用大理石贴面，隔墙部分采用透明玻璃，让客厅的光线照进玄关门厅。

平面图

固定玻璃板让墙面看起来向深处延续，玄关与客厅·餐厅的墙做法保持一致，本案使用的是天然石材饰面（Basaltina）。

MATERIAL/ 代官山 T 宅邸（施工：ReformQ）

墙面：天然石材 / 意大利 Basaltina（advan）及 AEP、镜面、固定玻璃板、不锈钢地面：现有大理石/PERLINO WHITE 顶棚：AEP 门扇：黑檀木装饰板全光泽饰面·特制把手·地弹簧长椅：NATURA BENCH（Riva 1920）挂衣钩（大洋金物）照明 MOVING GYRO SYSTEM（远藤照明）艺术品：David Stetson（Subject Matter）

让内门
更靓丽的
玄关门厅

从玄关迎面看到的内门和墙面决定了人的第一印象，这便是住宅的"脸面"。理想的内门应设计成材质上乘的顶天立地的样式。这扇特制门的周边设计也很重要，地面、墙面、顶棚、登堂框等应选择最能衬托特制门之靓丽的材质和做法，也可以通过照明灯具打光的办法凸显门的质感。本案采用了木纹理清晰的斑马木装饰板作门板面材，为凸显其效果，门厅的墙壁顶棚均采用普通做法，地面则采用大理石和瓷砖，登堂框用不锈钢，保持了整体空间的均衡感。

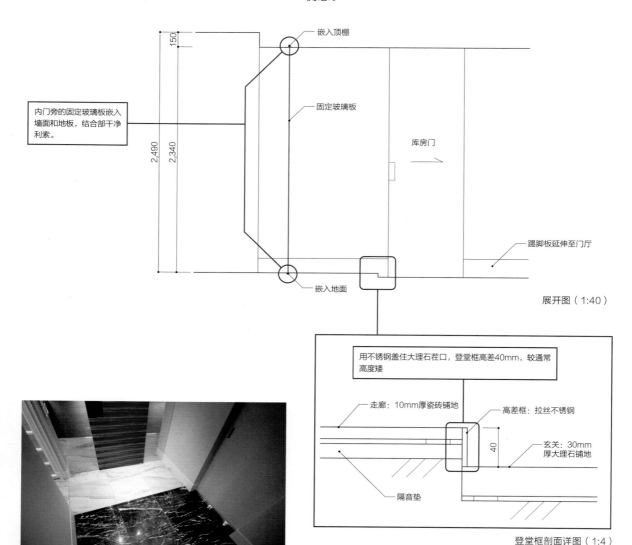

嵌入顶棚

固定玻璃板

内门旁的固定玻璃板嵌入墙面和地板，结合部干净利索。

库房门

踢脚板延伸至门厅

150

2,490

2,340

嵌入地面

展开图（1:40）

用不锈钢盖住大理石茬口，登堂框高差40mm，较通常高度矮

走廊：10mm厚瓷砖铺地

高差框：拉丝不锈钢

玄关：30mm厚大理石铺地

40

隔音垫

登堂框剖面详图（1:4）

玄关入口地面铺大理石（GRIGIO-CARNICO），门厅铺白色系大理石风瓷砖并延伸至居室，入口地面的黑色形成紧凑感。不锈钢制的登堂框利落而挺拔。

MATERIAL/ 南麻布 S 宅邸（施工：ReformQ）

墙面：壁纸及固定玻璃板地面（玄关入口）：大理石 /GRIGIO-CARNICO 地面（玄关门厅）：瓷砖 / I MARMI（advan）顶棚：壁纸 门扇：斑马木实木装饰板全光泽饰面（CONFORT）及特制把手、地弹簧

用无框玻璃门
打造"观景窗"

想让房间变得漂亮，可以在玄关迎面设计一面如"观景窗"的清爽无框的大玻璃。本案不但将门扇，而且门垛部分也做成玻璃的，不留任何遮挡视线的边框和横梃。采用平开门时，合叶也应当尽量做到不显眼。门厅和房间的顶棚及地面材料连成一体，让空间边界模糊化表达也很重要。

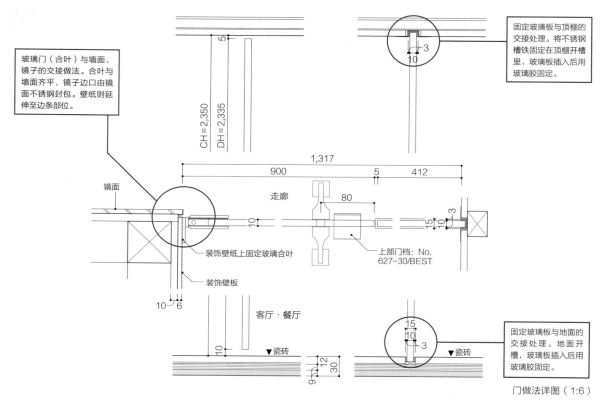

玻璃门（合叶）与墙面、镜子的交接做法。合叶与墙面齐平，镜子边口由镜面不锈钢封包。壁纸则延伸至边条部位。

固定玻璃板与顶棚的交接处理。将不锈钢槽铁固定在顶棚开槽里，玻璃板插入后用玻璃胶固定。

镜面

走廊

装饰壁纸上固定玻璃合叶

装饰壁板

上部门档：No. 627-30/BEST

客厅·餐厅

固定玻璃板与地面的交接处理。地面开槽，玻璃板插入后用玻璃胶固定。

门做法详图（1:6）

玄关一侧的高收纳柜上部顶天，下部距地浮起300mm左右，方便临时放置靴子等，同时表现悬浮感。

MATERIAL/ 一番町 Y 宅邸（施工：ReformQ）

墙面：壁纸 /LL-8188（Lilycolor）及装饰壁壁纸板 /WVP-7143（TOLI）、镜子 地面（玄关入口）：瓷砖 /Minaral D Living Brown（advan）地面（走廊）：瓷砖 /Mineral D Living Brown（advan）顶棚：壁纸 /LL-8188（Lilycolor）门：钢化玻璃单向平开门

瓷砖和彩色玻璃打造硬朗的玄关空间

提起有质感的墙面材料，大家都会想到大理石，但使用大理石的厚度会达到 50mm 左右，必须对基底面进行改造。使用瓷砖的厚度为 15mm 左右，已有基底墙不用改动即可施工。随着技术的进步，瓷砖的表现力也非常接近大理石。只是瓷砖的边口处理需要仔细用心。本案在已有漆面合板上平贴瓷砖，已有壁龛墙面贴彩色玻璃，增强了空间的硬朗感。

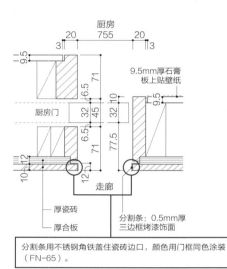

厨房

5mm厚石膏板上贴壁纸

厨房门

走廊

厚瓷砖
厚合板

分割条：0.5mm厚三边框烤漆饰面

分割条用不锈钢角铁盖住瓷砖边口，颜色用门框同色涂装（FN-65）。

内门详图（1:6）

灰色瓷砖与平开门的交接部分。门没有做装饰边框，而是采用了瓷砖翻边的做法，使得门边处理显得非常简洁利索。

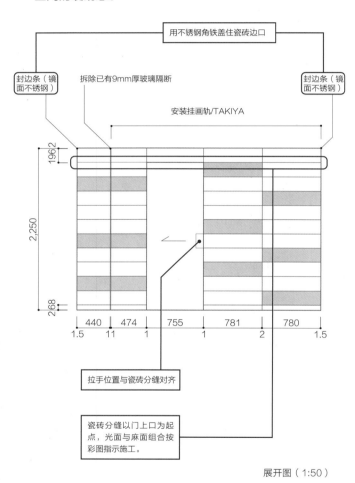

用不锈钢角铁盖住瓷砖边口

封边条（镜面不锈钢）

拆除已有9mm厚玻璃隔断

封边条（镜面不锈钢）

安装挂画轨/TAKIYA

拉手位置与瓷砖分缝对齐

瓷砖分缝以门上口为起点，光面与麻面组合按彩图指示施工。

展开图（1:50）

MATERIAL/ 白金台 M 宅邸（施工：ReformQ）

墙面：壁纸 /LL-8694（Lilycolor）及彩色玻璃 /EB4（NGS INTERIOR）、镜子、瓷砖 /White experience WE-03EAL·WE-03EA（advan）地面（玄关入口）：已有大理石 /LIMESTONE 地面（走廊）：已有大理石 /LIMESTONE 顶棚：壁纸 /LL-8694（Lilycolor）已有现场制作家具：换门扇 客厅门：已有重刷漆厨房门：新设涂装推拉门（拉手特制）

将小尺寸
彩色玻璃
做成条状装饰

彩色玻璃透明度好，色彩丰富，表现玄关空间的高品质时推荐使用这一材质。因表面光泽好，可对灯具照明形成柔和的反射光，使空间更开阔。如果整面墙满贴彩色玻璃，需要仔细研究墙面分割，避免出现令人扫兴的失败边角。本案将条状彩色玻璃贴成无序状，从而避免大尺寸玻璃出入公寓式住宅与安装时的麻烦，可以说是一种效果较好的设计方法。

After

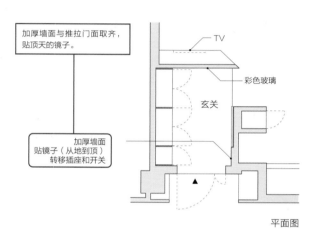

加厚墙面与推拉门面取齐，贴顶天的镜子。

TV

彩色玻璃

玄关

加厚墙面贴镜子（从地到顶）转移插座和开关

平面图

彩色玻璃的长宽高尺寸进行无序分割。

新设推拉门

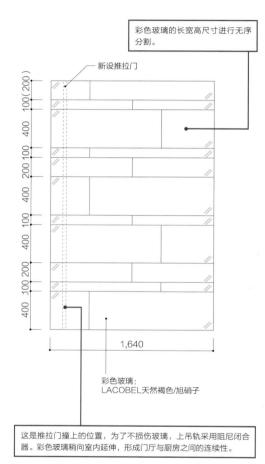

100(200)
400
200 100
400
100
400
100 200
400

1,640

彩色玻璃：
LACOBEL天然褐色/旭硝子

这是推拉门撞上的位置，为了不损伤玻璃，上吊轨采用阻尼闭合器。彩色玻璃稍向室内延伸，形成门厅与厨房之间的连续性。

展开图（1:40）

回望玄关空间，拉上顶天立地的胡桃木推拉门，可见与之平齐的顶天立地的镜子，墙面显得很好看。

MATERIAL/ 虎之门大厦 M 宅邸（施工：ReformQ+ 室内设计协调：May's Corporation）
墙面：装饰壁纸 /WVP7143（TOLI）及镜子、彩色玻璃 /LACOBEL 天然褐色 / 旭硝子地面：已有大理石顶棚：已有壁纸长椅：KUKA（FLEXFORM）门：胡桃木特殊订制，局部钢框

具有高级宾馆格调的玄关

内走廊式公寓式住宅的玄关一般位于远离外窗的位置，为打造开阔的玄关空间，一是要选择光泽好的材料，另一方面需要靠照明打光加强光泽。为提升空间的品质，应重点将大理石和彩色玻璃纳入材料选择的范围。加之顶棚上设双层饰面板夹进行间接照明（龛式灯槽），品质将进一步提升，可使玄关具有高档宾馆的格调。

Before　　　　　　　　　　　　　　**After**

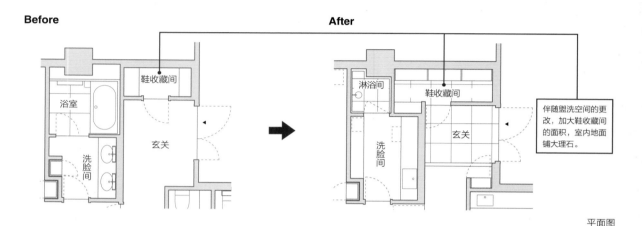

伴随盥洗空间的更改，加大鞋收藏间的面积，室内地面铺大理石。

平面图

回望玄关门厅。不设登堂框，用不锈钢框料将黑色木地板与大理石干净利索地分开。左侧墙面是顶天立地的镜子和包人造革壁板。

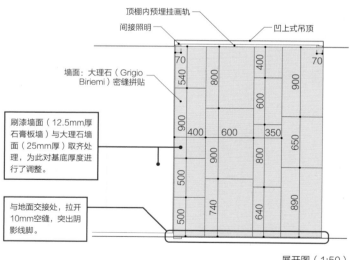

顶棚内预埋挂画轨

间接照明

凹上式吊顶

墙面：大理石（Grigio Biriemi）密缝拼贴

刷漆墙面（12.5mm厚石膏板墙）与大理石墙面（25mm厚）取齐处理，为此对基底厚度进行了调整。

与地面交接处，拉开10mm空缝，突出阴影线脚。

展开图（1:50）

MATERIAL/ 六本木 N 宅邸（施工：ReformQ+ 室内设计协调：May's Corporation）

墙面（玄关）：AEP 及大理石 /Grigio Biriemi、彩色玻璃 /LACOBEL 天然褐色（旭硝子）墙面（走廊）：AEP 及大理石 /ARABESCATO（advan）及人造革壁板 /attraente sircabarr 及镜子、固定玻璃板（TRISHNA JIVANA）地面（玄关入口）：大理石 /Grigio Biriemi 地面（走廊）：复合木地板 / 复合木地板 40 系列热带橡木 40clear brushed（IOC）登堂框：大理石 /Grigio Biriemi 顶棚：AEP 艺术品：浅见贵子（Art Front Gallery）长椅：ANIN（INTERIORS）

利用墙面间隙
做木质长椅

在玄关处，为了便于穿鞋、脱鞋和临时放东西，需要有一个台板。由于空间有限，很多时候很难找到架设台板的地方，但在实际拆除墙体时，会遇到露出死角的情况。本案就利用暗藏管井的死角，急中生智地设计了一处长椅。饰面材料可以使用实木装饰板或木地板的边角料，不用追加大笔费用即可打造出高附加值的显现品质的空间。

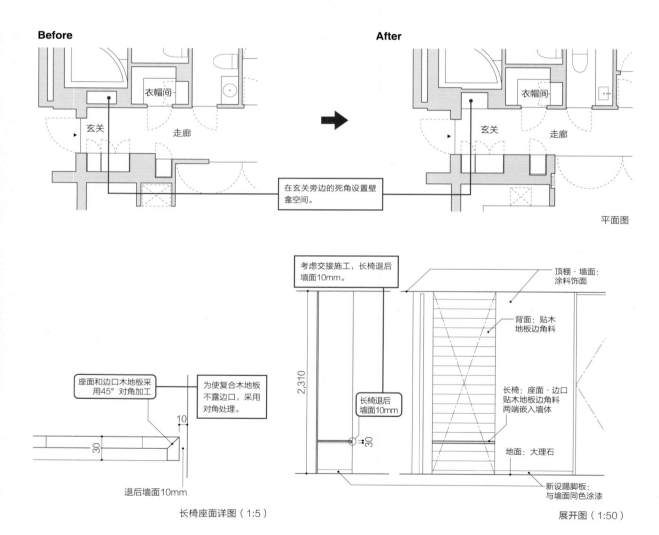

Before

衣帽间

玄关

走廊

After

衣帽间

玄关

走廊

平面图

在玄关旁边的死角设置壁龛空间。

考虑交接施工，长椅退后墙面10mm。

2,310

长椅退后墙面10mm

30

座面和边口木地板采用45°对角加工

为使复合木地板不露边口，采用对角处理。

10

30

退后墙面10mm

长椅座面详图（1:5）

顶棚·墙面：涂料饰面

背面：贴木地板边角料

长椅：座面·边口贴木地板边角料两端嵌入墙体

地面：大理石

新设踢脚板：与墙面同色涂漆

展开图（1:50）

MATERIAL/ 南平台 N 宅邸（ReformQ）

墙面：AEP 及彩色玻璃 /LACOBEL Anthracite AUTHENTIC（旭硝子）及镜子地面：已有大理石顶棚：AEP 及彩色玻璃 /LACOBEL 经典黑（旭硝子）长椅：复合木地板/复合木地板 20 系列 Wenge20 透明漆罩面（IOC）门扇：涂装·特殊订制拉手·吊轴铰链照明：MOVING GYRO SYSTEM（远藤照明）门厅块毯：BOUCLE Pebble（Chilewich）

长椅、鞋柜与户门融合一体

玄关门厅要同时实现的功能有：换鞋、收纳与接待访客。单独满足这些要求难免造成空间纷乱。门厅空间多数情况下并不宽敞，因此要求一定程度的简化处理。可以限制使用材料和色彩的种类，或用大边框将各种元素融为一体。本案的做法是用 L 形框架将无框玻璃门、体现品质的马赛克大理石墙和橡木长椅、收纳柜融合为一个整体。

Before → **After**

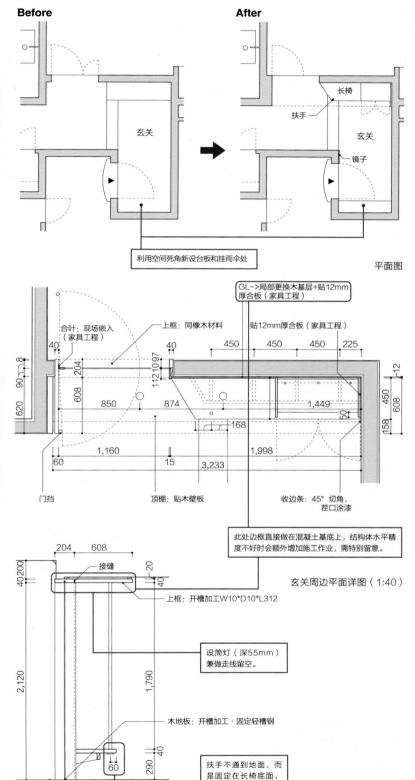

玄关

长椅
扶手
玄关
镜子

利用空间死角新设台板和挂雨伞处

平面图

GL->局部更换木基层+贴12mm
厚合板（家具工程）

贴12mm厚合板（家具工程）

上框：同橡木材料

合叶：现场嵌入
（家具工程）

门挡

顶棚：贴木壁板

收边条：45° 切角，
茬口涂漆

此处边框直接做在混凝土基底上，结构体水平精
度不好时会额外增加施工作业，需特别留意。

玄关周边平面详图（1:40）

接缝

上框：开槽加工W10*D10*L312

设筒灯（深55mm）
兼做走线留空。

木地板：开槽加工·固定轻槽钢

扶手不通到地面，而
是固定在长椅底面，
表现悬浮感。

玄关周边剖面详图（1:40）

MATERIAL/ 白金台 Y 宅邸（施工：ReformQ）

墙面：壁纸 /LL-8694（Lilycolor）及装饰壁纸 /
WVP7143（TOLI）及镜子、马赛克大理石 /西游
石记 CL-O9401（名古屋马赛克瓷砖工业）地面：
已有大理石抛光登堂框：大理石 /PERLINO 抛光顶
棚：壁纸 /LL-8694（Lilycolor）门：钢化玻璃单向
平开门 现场制作家具·鞋柜·长椅·扶手·三边框：
橡木装饰板

有效使用黑色
让空间更紧凑

　　色彩计划也是改变空间印象的有效手段之一。正确使用黑色可以使空间更紧凑，并且极具品质感。本案中的壁柜、采光玻璃砌块边框和窗下的长椅均采用黑色涂装。黑色平涂会感觉沉重，因此使用了半开孔漆，表现出现有木器的木纹理质感。其他部位（如墙面、地面、顶棚）均采用淡色，让整个玄关空间黑白对比分明。另外，玄关的正面是视线自然关注的部位，无论那里是墙面，还是出入口，都应特别留意其美观性。本案的正面设计了一扇现代感的玻璃门，将人的视线引向深处的书房。

After

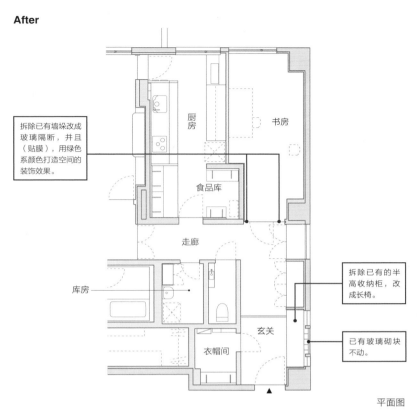

拆除已有墙垛改成玻璃隔断，并且（贴膜），用绿色系颜色打造空间的装饰效果。

厨房

书房

食品库

走廊

拆除已有的半高收纳柜，改成长椅。

库房

已有玻璃砌块不动。

玄关

衣帽间

平面图

MATERIAL/ 白金台 P 宅邸（施工：ReformQ）

墙面：壁纸 /LL-8188（Lilycolor）地面（玄关入口）：已有大理石　地面（走廊）：复合木地板带边板贴法 / 复合木地板 40 系列橡木 40Clear Brushed（IOC）　登堂框：橡木　顶棚：壁纸 /LL-8188（Lilycolor）现场制作家具·门窗：已有现场制作家具·门窗重刷漆　长椅：橡木装饰板涂漆　壁灯：ERB6261K（远藤照明）

另一面白色基调的墙面因布置了壁灯，强化玄关空间的节奏感。

三种大理石
与照明灯具
表现华丽感

从视觉上让人明确区分玄关走廊与居住空间，需要借助装修材料与灯光实现。本案使用了马赛克、条状和大尺寸这三种形状不同、色调和谐的大理石材料，另外采用通用型吸顶筒灯、间接照明（壁龛照明）以及圆形特殊照明，展示一般门厅走廊没有的华丽感。照明不要求均匀分布，而是聚焦为光斑以形成明暗对比，凸显打光处材料的肌理和质感。

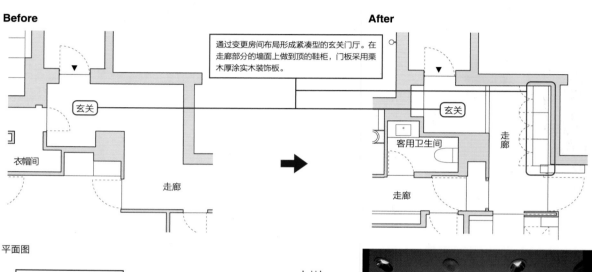

Before

After

通过变更房间布局形成紧凑型的玄关门厅。在走廊部分的墙面上做到顶的鞋柜，门板采用栗木厚涂实木装饰板。

玄关

衣帽间

走廊

玄关

客用卫生间

走廊

走廊

平面图

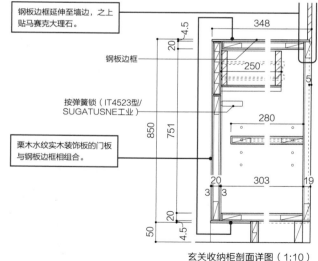

钢板边框延伸至墙边，之上贴马赛克大理石。

钢板边框

按弹簧锁（IT4523型/SUGATUSNE工业）

栗木水纹实木装饰板的门板与钢板边框相组合。

348

4.5

20

250

5

280

850

751

20 303 19

3 3

20

50

4.5

玄关收纳柜剖面详图（1:10）

用条状彩色玻璃装饰墙面。窄幅与宽幅交互组合以表现韵律和节奏。

MATERIAL/ 南麻布 K 宅邸（施工：青）

墙面：AEP 及大理石 /Lithoverde（SALVATORI）及镜子、彩色玻璃 /JB02（NGS INTERIOR）、马赛克大理石 / 西游石记 CL-O9401（名古屋马赛克工业）地面（玄关入口）：大理石 / TravertineClassico（advan）顶棚：AEP 鞋柜：栗木透明漆麻面实木装饰板及钢板烤漆 照明：Circle of Light（FLOS）

给人静谧感觉的
玄关空间

改造第二居所类的公寓式住宅时，玄关门厅的效果非常重要，而第二个家的空间形象是非日常性。本案中，玄关门厅的正面墙壁使用了大谷石，入口地面使用 Antiqua Travertino 大理石，营造远离城市喧嚣的静谧氛围。设计要点是材料材质和细部结构。大谷石墙面通过组合使用两种厚度的石材凸显凹凸感，同时从顶部打强光，强调大谷石特有的肌理与材质。

Before

After

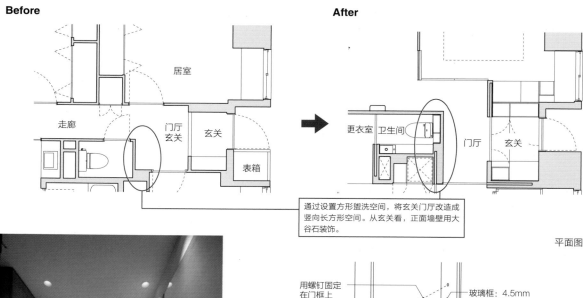

通过设置方形盥洗空间，将玄关门厅改造成竖向长方形空间。从玄关看，正面墙壁用大谷石装饰。

平面图

推拉门闭合时的状态。拉手以上是固定扇玻璃，从玄关可看到对面大谷石的样子。

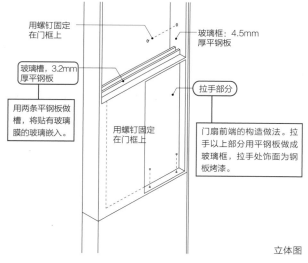

用螺钉固定在门框上

玻璃框：4.5mm 厚平钢板

玻璃槽，3.2mm 厚平钢板

用两条平钢板做槽，将贴有玻璃膜的玻璃嵌入。

拉手部分

用螺钉固定在门框上

门扇前端的构造做法。拉手以上部分用平钢板做成玻璃框，拉手处饰面为钢板烤漆。

立体图

MATERIAL/ 神户 M 宅邸（施工：越智工务店）

墙面：AEP　地面（玄关入口）：大理石 /Antiqua Travertino（advan）及镜子　地面：复合木地板/斯堪的纳维亚地板 Wide Blank OAEWS（斯堪的纳维亚客厅）顶棚：AEP 走廊局部墙面：天然石材 / 大谷石细纹 FLAT 门扇：柚木实木装饰板·特制拉手·上吊轨　长椅　现场制作家具/白橡木油漆

让玄关紧凑
拉近与客厅
的距离

　　高档公寓式住宅的玄关门厅为了展示其豪华感，空间
都比较大。遇到这种情形时，可压缩玄关门厅的面积，扩
大居室的面积。玄关空间的过度装饰会破坏与客厅的均衡
关系，玄关、客厅·餐厅的材料和照明统一协调非常重要。
本案通过缩小玄关门厅的面积，扩大客厅·餐厅的面积，
从玄关处能看到客厅和餐厅，同时用内门隔开，保持居室
的私密性。

用门形框架将坐凳、收纳家具和门这三种要素整合在一起，给人以简洁完整的印象。

After

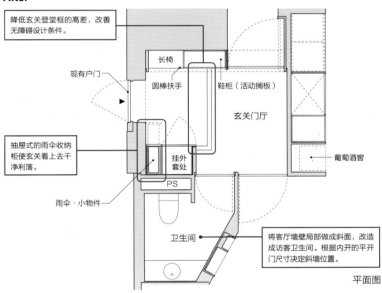

降低玄关登堂框的高差，改善无障碍设计条件。

现有户门

长椅

圆棒扶手

鞋柜（活动搁板）

玄关门厅

抽屉式的雨伞收纳柜使玄关看上去干净利落。

挂外套处

葡萄酒窖

PS

雨伞·小物件

卫生间

将客厅墙壁局部做成斜面，改造成访客卫生间。根据内开的平开门尺寸决定斜墙位置。

平面图

MATERIAL/ 白金台 S 宅邸（施工：青）

墙面：AEP 地面（玄关入口）：已有大理石 地面（玄关门厅）：复合木地板 / 斯堪的纳维亚地板 Wide Blank OAEWS（斯堪的纳维亚客厅）顶棚：AEP 长椅·鞋柜：鬼胡桃实木装饰板挂外套·雨伞收纳：水楢木实木装饰板 AEP 擦面 块毯：中国毯（MUNI）艺术品：版画（桧原直子）

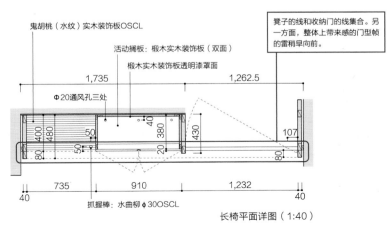

鬼胡桃（水纹）实木装饰板OSCL

活动搁板：椴木实木装饰板（双面）

椴木实木装饰板透明漆罩面

凳子的线和收纳门的线集合。另一方面，整体上带来感的门型帧的雷稍早向前。

1,735

Φ20通风孔三处

1,262.5

400
480
50
40
380
430
107
80
50
20
80

735
910
1,232

40
40

抓握棒：水曲柳 φ30OSCL

长椅平面详图（1:40）

带框玻璃门和亮顶照明打造通向卧室的期待感

　　将玄关正面可见的内门改成带框玻璃门后，视线便可直达居室，消除公寓式住宅的玄关空间常见的压抑感。若在地面上预埋地灯，便可以营造迎客进入客厅·餐厅的期待感。本案的玄关门厅是以深色胡桃木为基调的时尚空间，客厅·餐厅是以白色涂料为基础的明快氛围，向上打光的亮顶照明加强了黑白对比的空间效果。

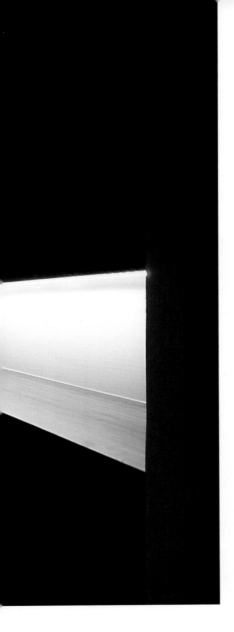

为埋设LED灯，在三层橡木WIDE BLANK实木地板上开孔，并事先调取样品进行交接形状确认。

地板预埋照明

按照灯具的边缘形状切削木地板

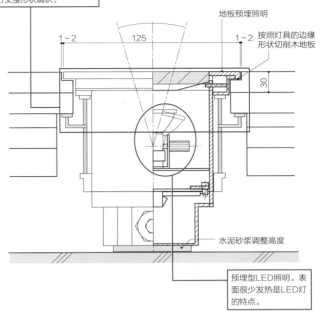

1~2　　125　　1~2

30

水泥砂浆调整高度

预埋型LED照明。表面很少发热是LED灯的特点。

地灯剖面详图（1:3）

夜间亮顶灯打光效果。顶棚上打出柔和的光影。

体现高品位的
玄关空间

通常的公寓式住宅门厅给人狭小憋闷之感，可以加大门厅宽度，或者利用镜面反射效果从视觉观感上让门厅显得宽敞。此外，空间狭小使得功能性元素密集分布，很难做到井井有条。针对这种情况，可为门扇制作暗合叶、暗拉手，装饰时有意弱化墙面与门扇的分界线。111 页的墙面与门扇就采用了纵横条形板的板材饰面。

加大玄关入口部分，变为有外窗的明亮空间。宽度从之前的1300mm 变为 2500mm，已相当宽敞，收纳量也得以扩充，同时可做多功能空间使用（川崎 K 宅邸）。

整面墙贴条形瓷砖，采用直接与镜面相撞的空间处理方式，由于镜子的反射效果，可感受到空间的延展性（台场 K 宅邸）（左）。为了不使访客卫生间显得突兀，在门扇拉手高度上设计了小龛槽，方便放置小物件（白金台 K 宅邸）（右）。

111 页展示的是白金高轮 N 宅邸

门
Door

此案例中面向客厅的墙面满贴条形瓷砖，其中的平开门贴整张彩色玻璃。门扇上沿与瓷砖缝取齐，拉手高度与条形瓷砖宽度对齐，门扇四周的交接简洁明快（台场 K 宅邸）。

1 有彩色玻璃的平开门

瓷砖

彩色玻璃

3

AEP

2,036

门与墙面交接处的缝隙设为3mm，与瓷砖之间的砖缝一致（参阅60-61页）。

为保障24小时通风，门下留缝10mm。

彩色玻璃

彩色玻璃

10

门与现场制作的家具一样，是左右空间设计的重要元素，因此门厅正面的门、客厅·餐厅的门最好根据现场情况原创制作。为追求高品质，建议饰面材料采用彩色玻璃或人造革高级实木装饰板等，带有厚重感的框体门也是不错的选择。当然，门板面与墙面取齐，门扇五金件和门框的外观简洁必不可少。

瓷砖收边条用烤漆角钢，使得门与墙面整体性强。

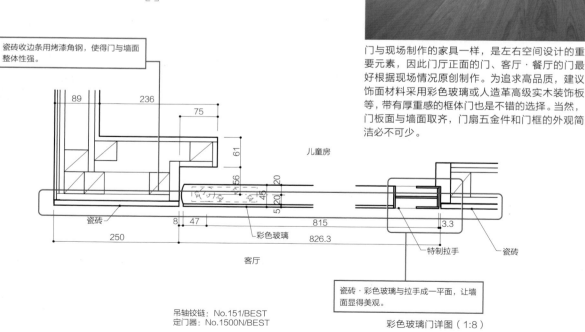

89　　236

75

61

儿童房

56

20

45

5　20

瓷砖

8　47

彩色玻璃

815

250

826.3

客厅

特制拉手

3.3

瓷砖

瓷砖·彩色玻璃与拉手成一平面，让墙面显得美观。

吊轴铰链：No.151/BEST
定门器：No.1500N/BEST

彩色玻璃门详图（1:8）

2 人造革包面平开门

这是从客厅看过去的效果，门板面料采用人造革。高度到顶的重量感十足的这扇门使用了地弹簧开闭构造，使得门扇周边干净挺拔。原创收纳柜与门扇包面的拉缝取齐，拉手位于钢板框体之中以消除其存在感（南麻布 K 宅邸）。

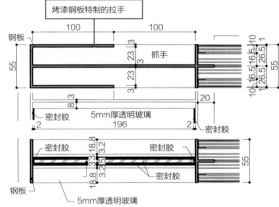

没有使用碍眼的闭门器，而是采用了地弹簧开闭构造。但由于门扇相当重，需要慎重选择地弹簧的性能规格，细心安排现场安装作业。

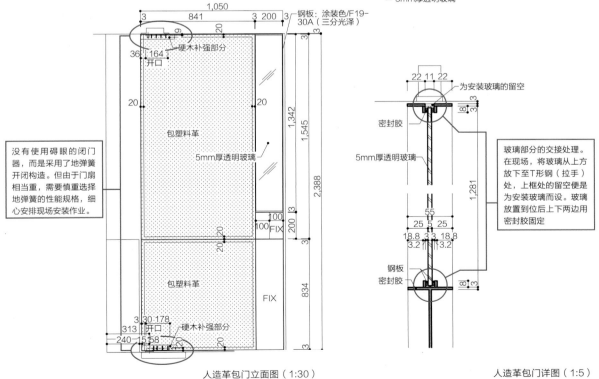

人造革包门立面图（1:30）

人造革包门详图（1:5）

3 与墙板设计协调的玻璃框体门

这是一扇与现代简约风格不同的强调边框造型的框体门。上半部的玻璃让视线穿透，为了与门扇相配墙垛也设计成白漆面。横板条位置与右侧墙板的横板条位置取齐（白金高轮 N 宅邸）。

将玻璃从横框上的留槽上放下，上下两边用密封胶固定。

玻璃从上方放入

框板的宽度竖向都设为90mm，但横框板则设为不同的宽度，从上至下分别为90mm、110mm、150mm，这是出于造型上降低重心的考虑。

球状把手

把手在横框上的安装高度设为地面以上855mm（横框中心）。

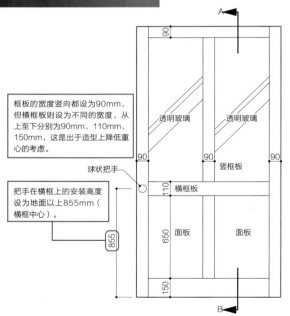

透明玻璃　透明玻璃

90　竖框板　90

110　横框板

650　面板　面板

855

150

框体门扇立面图（1:30）

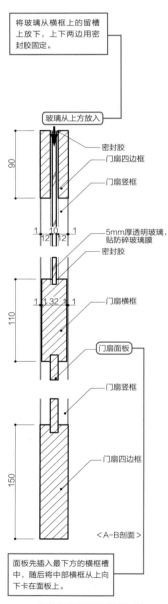

密封胶
门扇四边框
门扇竖框

5mm厚透明玻璃，贴防碎玻璃膜

密封胶

门扇横框

门扇面板

门扇竖框

门扇四边框

面板先插入最下方的横框槽中，随后将中部横框从上向下卡在面板上。

＜A-B剖面＞

框体门扇剖面详图（1:5）

4 顶天立地的推拉门

这样的推拉门，其开闭状态可以改变空间的表情，可以说是一堵可移动的墙面，给大多单调乏味的公寓式住宅的室内空间带来变化。当然，门扇与墙壁、地面、顶棚的交接应力争简洁。此处的推拉门采用上吊滑轨，不产生地面摩擦噪音，门框处将壁纸贴进，降低了可见部分视觉元素的种类（赤坂S宅邸）。

推拉门推进门兜内的情景。因采用了上吊滑轨，里面卧室的地毯和近处客厅的木地板交接处很美观。

仰视门兜部分。上吊滑轨埋藏在吊顶之内，从正面看不到，门框厚度方向将客厅墙体壁纸卷边贴进。

门兜的入口留5mm左右的缝隙，以应对推拉门（木制光面门）产生的变形。墙内另加5mm左右的留空。

门兜内侧墙若用龙骨组建时，龙骨可能在"点与线"处发生变形。内壁用木板等面状材料构成时，面材以面为单位发生变形，伤及门扇的风险要小很多。

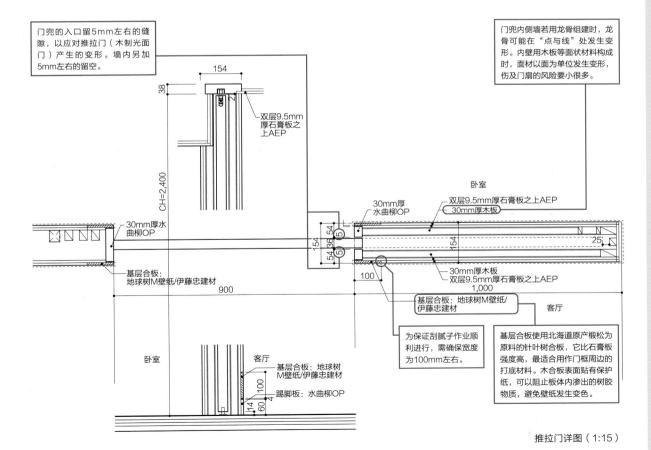

双层9.5mm厚石膏板之上AEP

CH=2,400

30mm厚水曲柳OP

基层合板：地球树M壁纸/伊藤忠建材

900

30mm厚水曲柳OP

双层9.5mm厚石膏板之上AEP
30mm厚木板

卧室

30mm厚木板
双层9.5mm厚石膏板之上AEP

1,000

基层合板：地球树M壁纸/伊藤忠建材

客厅

为保证刮腻子作业顺利进行，需确保宽度为100mm左右。

基层合板使用北海道原产椴松为原料的针叶树合板，它比石膏板强度高，最适合用作门框周边的打底材料。木合板表面贴有保护纸，可以阻止板体内渗出的树胶物质，避免壁纸发生变色。

卧室

客厅

基层合板：地球树M壁纸/伊藤忠建材

踢脚板：水曲柳OP

推拉门详图（1:15）

走廊
CORRIDOR

在互联网和杂志上观摩公寓式住宅的改造案例时，经常可以见到类似"拆除走廊，设计宽敞空间"的做法。对于走廊，大多数人认为它的功能性弱，是多余的，拆掉为妙。

走廊是联系房间和房间的通道，是房间之间的缓冲地带，让房间与房间不直接靠在一起。拆除走廊之后，房间和房间便会直接连在一起。在从前的日式房屋中，打开一间屋子的纸裱方格推拉门后，一般会是旁边的屋子，这称为"田字形平面"。这样的话，通过开闭推拉门可以方便地调节房间的大小，房间小时有利于提高利用率。老的小区或面积不充裕的公寓式住宅都会活用"田字形平面"。但是，"田字形平面"无法同时保证通风和私密性。如果想给房间通风，打开推拉门后马上就和旁边的房间连在了一起，有损个人隐私。

如果将走廊单纯作为交通空间，就很容易想到"田字形平面"而试图将走廊从户内清除出去。然而，公寓式住宅的面积越大，作为缓冲地带的走廊的作用便越发不可忽视。卫生间的门直接开在客厅里，不受大家欢迎，所以隔一条走廊设有卫生间的户型便多了起来。此时的走廊扮演的便是缓冲带的角色，通过走动促成了人心理状态的切换。这样的走廊里挂上绘画，便可变成画廊；设置收纳壁柜或书架，便可变为穿通式的收纳间。如果能巧妙利用走廊的细长形态，可创造出有进深感和层次感的空间品质。将走廊尽头的墙面做成全镜面，走廊的长度会比实际延长若干倍。活用现有走廊，能够打造出更加舒适宜人的居住空间。

质感高级的
有壁灯的走廊

本案的走廊起连接私密空间和公共空间的作用。设计时要使走廊成为转换心情的场所，降低走廊的亮度后，会感觉客厅、餐厅和卧室更加明亮。走廊墙面采用胡桃木饰面，地面铺设大理石并降低了明度和彩度。顶棚做最低限照明，墙壁上做壁灯，形成引导人走向深处的空间氛围。壁灯的韵律让门扇位置不规整的缺点不再显眼。

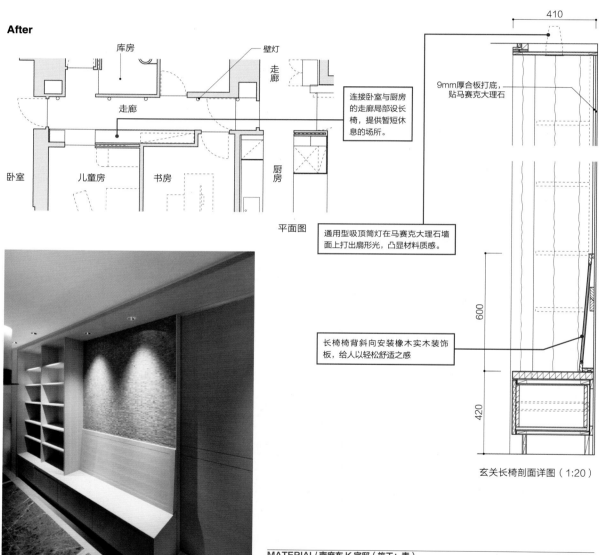

After

库房
壁灯
走廊
走廊
卧室　儿童房　书房　厨房

连接卧室与厨房的走廊局部设长椅，提供暂短休息的场所。

平面图

410

9mm厚合板打底，贴马赛克大理石

通用型吸顶筒灯在马赛克大理石墙面上打出扇形光，凸显材料质感。

600

长椅椅背斜向安装橡木实木装饰板，给人以轻松舒适之感

420

玄关长椅剖面详图（1:20）

走廊里用木制边框将长椅和书架整合起来，长椅背面的墙面采用马赛克大理石（将表面光洁度不同的大理石小片排列粘接在背网上）饰面。

MATERIAL/ 南麻布 K 宅邸（施工：青）

墙面：AEP 及马赛克大理石 / 西游石记 CL-O9402（名古屋马赛克工业）、胡桃木实木水纹装饰板 地面：复合木地板 / 斯堪的纳维亚地板 Wide Blank OAEWS（斯堪的纳维亚客厅）及大理石 /Grigio Biriemi 顶棚：AEP 装饰架：胡桃木直纹黑油漆一道、麻面书架·长椅：橡木直纹白漆实木装饰板 书架：橡木直纹白漆实木装饰板 壁灯：TIMMEREN（Kevin Reilly）

将走廊墙壁用作现场制作家具的背板

让枯燥乏味的走廊墙面变得富有意义，思路之一便是在墙背板上配置收纳家具，高度可根据收纳的具体用途调整和控制，在柜体和顶棚之间留出空隙，在展示通透感的同时，消除走廊的封闭性。本案中，兼做客厅收纳背板的墙没有做到顶棚，使得走廊中能够感受到客厅的开阔。设在正面的雕塑用灯光打亮，形成视觉中心。

After

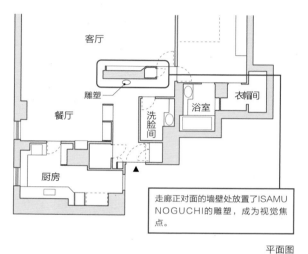

平面图

走廊正对面的墙壁处放置了ISAMU NOGUCHI的雕塑，成为视觉焦点。

地面为大理石铺地，分缝与墙面线取齐。

平面详图（1:8）

这件现场制作家具兼做隔墙，里面组合了带轮子的餐具收纳柜。

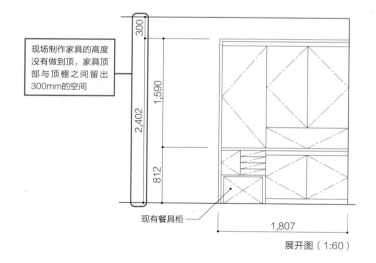

现场制作家具的高度没有做到顶，家具顶部与顶棚之间留出300mm的空间

展开图（1:60）

现有餐具柜

MATERIAL/ 纽约 S 宅邸（施工：BLUE STONE）

墙面：AEP 顶棚：AEP 地面：LIMESTONE 及水楢木实木地板 现场制作家具：硬枫木雕塑：ISAMU NOGUCHI

利用长走廊打造
穿堂式盥洗间

走廊多为细长形空间，长方向墙面可用作洗脸的地方。墙的上半部装吊柜，表面贴镜面，下半部设一处洗脸台的，就形成了一处穿通式的洗脸间。走廊与洗脸间合二为一，不仅是对窄小空间的有效利用，而且缩短了与洗脸间关系密切的更衣室、浴室、卫生间之间的距离。走廊也是访客通过的地方，所以吊柜处应设计间接照明，展示华美的空间效果。

After

从前洗脸和更衣都集中在浴室外狭窄的空间之内，现将洗脸功能分离出来，原来的空间只做更衣室用，洗脸间移到走廊对面，设计成一处宽敞的洗脸台。

平面图

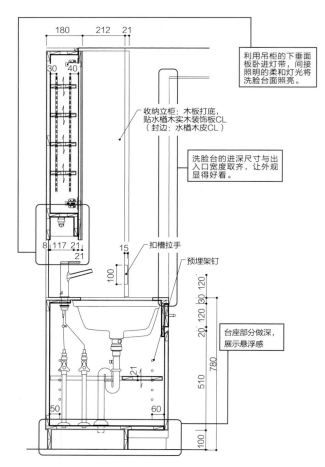

利用吊柜的下垂面板卧进灯带，间接照明的柔和灯光将洗脸台面照亮。

收纳立柜：木板打底，贴水楢木实木装饰板CL（封边：水楢木皮CL）

洗脸台的进深尺寸与出入口宽度取齐，让外观显得好看。

扣槽拉手

预埋架钉

台座部分做深，展示悬浮感

洗脸台周边剖面详图（1:20）

从洗脸台走廊看玄关门厅方向，白天太阳从玄关处投射进来，走廊并没有通常的幽暗感觉。

MATERIAL/ 世田谷区 N 宅邸（策划·施工：NENGO）

墙面：特殊涂料 /PORTRER'S PAINTS（NENGO） 地面：复合木地板 20 系列胡桃木 20 透明漆罩面（IOC） 顶棚：特殊涂料 PORTRER'S PAINTS（NENGO）洗脸台：凯撒石洗脸盆：KE242150（CERA Trading）冷热水龙头五金件：KW2191042U（CERA Trading）

木装修吊顶
引导视线远望

通常情况下，走廊的宽度被控制在最小容许尺寸。为了消除窄小造成的局促感，可以采取引导视线望向走廊尽端的做法。如果采用木地板，顶棚也贴同样的木质条板会比较有效。如果木质条板的长边方向与走廊方向一致，视线就会沿着板缝的方向被引导向对面的墙壁，走廊的局促感会减弱。本案采用胡桃木地板，顶棚采用柚木板条，将视线引向正面餐厅带有装饰搁架的墙面。

Before

未经规整的墙面线，给人杂乱的感受。

客厅·餐厅
卧室
卧室
玄关门厅
厨房
浴室
仓库
库房
洗脸间
玄关

After

墙面线经过规整去掉了凹凸不平部分，视线变得通畅，空间感觉简洁清爽（参阅211页）。

多功能房间
客厅·餐厅
卧室
厨房
玄关门厅
洗漱间·更衣室
仓库
库房
玄关

平面图

与走廊相连的玄关设计，墙和顶棚都在小范围内集中表现出别样的空间效果。

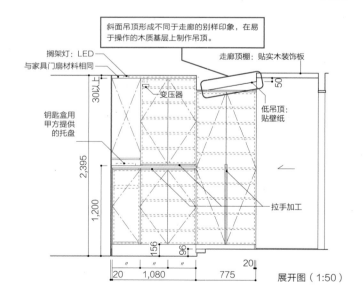

斜面吊顶形成不同于走廊的别样印象，在易于操作的木质基层上制作吊顶。

搁架灯：LED
与家具门扇材料相同
走廊顶棚：贴实木装饰板
30下口顶
变压器
钥匙盒用甲方提供的托盘
低吊顶：贴壁纸
2,395
1,200
拉手加工
156
96
20
50
20   1,080   775

展开图（1:50）

MATERIAL/ 目黑 S 宅邸（施工：NENGO）

墙面：PORTRER'S PAINTS（NENGO）及壁纸 / neuerove（旭兴）地面：复合木地板 /复合木地板 20 系列橡木 20 麻面漆罩面（IOC）顶棚：内装修专用不燃板 /REAL PANAL（NISSIN EX）及壁纸 / neuerove（旭兴）现场制作家具：鬼胡桃实木装饰板

走廊墙面
用作书架

　　沿走廊的墙壁制作书架、壁橱等收纳空间是很好的设计。收纳空间需要一定的深度，已有走廊较窄时必须仔细研究方案的可行性，较宽时可以沿墙设计书架，使长走廊不显单调。本案的走廊净宽 1.1m，在走廊的两侧均设置了书架，一侧设在盥洗空间的隔墙上，另一侧是拆除原隔墙后打造的可供书房和走廊共同使用的双面书架。书架最上层设有间接照明，保证走廊有足够的亮度。

从书房看走廊的景象。兼做隔墙的书架上部设有间接照明，柔和地照亮书房和走廊的顶棚。

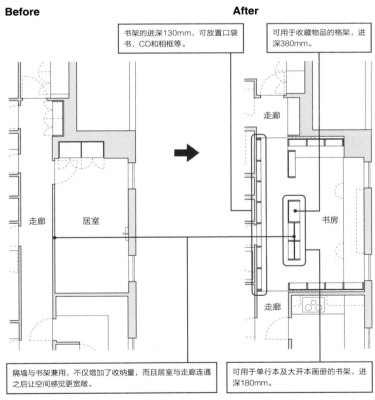

Before

After

书架的进深130mm，可放置口袋书、CD和相框等。

可用于收藏物品的格架，进深380mm。

走廊　居室

走廊　书房

走廊

隔墙与书架兼用，不仅增加了收纳量，而且居室与走廊连通之后让空间感觉更宽敞。

可用于单行本及大开本画册的书架，进深180mm。

平面图

MATERIAL/ 白金台 S 宅邸（施工：青＋现场制作家具：现代制作所）

墙面：壁纸 / neuerove（旭兴）地面：地毯 /CS-514（NISSIN）顶棚：壁纸 / neuerove（旭兴）书架：鬼胡桃实木装饰板 OSCL

有书架和长椅
的书斋式走廊

走廊不只可以作为连接各个房间的缓冲空间，也可以作为居室，方法是利用走廊的墙壁设计书架、书桌或长椅，使其具有类似书房的功能。本案将走廊的飘窗部分改造成长椅，对面制作书架，用于摆设旅行纪念物和照片等，将走廊变身为展示藏品与放松身心之所。通用式吸顶筒灯没有安装在走廊的中央，而是靠近书架，让灯光照亮书架的内部。此外，在地面上铺设了块毯，表现类似前室的氛围。

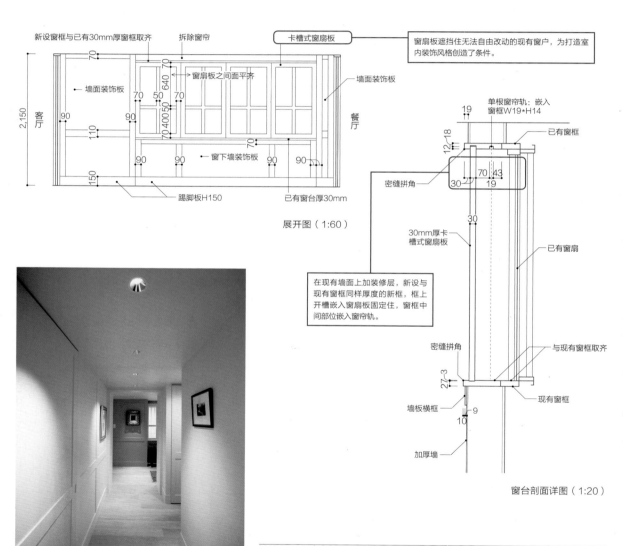

展开图（1:60）

新设窗框与已有30mm厚窗框取齐　拆除窗帘

卡槽式窗扇板

窗扇板遮挡住无法自由改动的现有窗户，为打造室内装饰风格创造了条件。

墙面装饰板

窗扇板之间面平齐

墙面装饰板

客厅　餐厅

窗下墙装饰板

踢脚板H150　已有窗台厚30mm

2,150

单根窗帘轨：嵌入窗框W19*H14

已有窗框

密缝拼角

30mm厚卡槽式窗扇板

已有窗扇

在现有墙面上加装修层，新设与现有窗框同样厚度的新框，框上开槽嵌入窗扇板固定住，窗框中间部位嵌入窗帘轨。

密缝拼角

与现有窗框取齐

现有窗框

墙板横框

加厚墙

窗台剖面详图（1:20）

从走廊尽头回望有长椅的方向，浅绿色的墙板和挂画形成视觉焦点。

MATERIAL/ 白金高轮 N 宅邸（施工：ReformQ）

墙面: 墙板 AEP 地面: 复合木地板/斯堪的纳维亚地板 Wide Blank OAEWS（斯堪的纳维亚客厅）
顶棚：AEP 书架·现场制作家具：AEP 长椅·块毯：甲方提供

增加走廊的明暗对比

通常，走廊因没有外窗而比较幽暗。将房间门做成带装饰感的玻璃门后，部分走廊会变得明亮，如此形成的亮度对比让从幽暗走廊中走来的人对及将进入的阳光明媚的房间充满期待。本案的玻璃门边框厚重，风格独特，即便从走廊的远处看透过玻璃门的光也分外醒目。这处由大镜子、小型桌和台灯点缀的空间具有前室的意味。

After

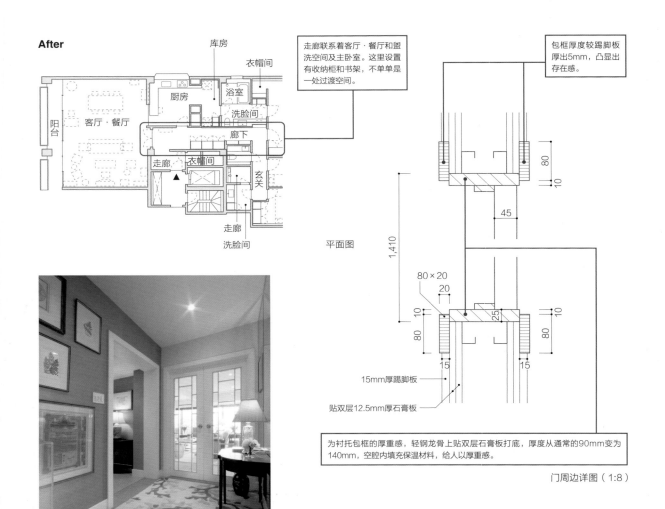

库房

衣帽间

浴室

厨房

洗脸间

廊下

阳台

客厅·餐厅

走廊联系着客厅·餐厅和盥洗空间及主卧室。这里设置有收纳柜和书架，不单单是一处过渡空间。

衣帽间

走廊

玄关

走廊

洗脸间

平面图

包框厚度较踢脚板厚出5mm，凸显出存在感。

1,410

80

10

45

80×20

20

25

10

10

80

80

15

15

15mm厚踢脚板

贴双层12.5mm厚石膏板

为衬托包框的厚重感，轻钢龙骨上贴双层石膏板打底，厚度从通常的90mm变为140mm，空腔内填充保温材料，给人以厚重感。

门周边详图（1:8）

白色的厚重的门框、门扇和踢脚板，绿色调织物质感的贴壁纸墙面，铺有 SAFAVIEH 牌块毯的地面，形成令人愉悦的前室空间。

MATERIAL／广尾 N 宅邸（施工：AIHOME）

墙面：AEP 及竹纹壁纸（甲方提供）、镜面地面（走廊）：剑麻毯 / Maya Henpl（上田敷物）顶棚：AEP 地面（玄关前室）：卷材地板革 /Boron Plain Sand（advan）门：进口门现场涂漆书架·现场制作家具：AEP 控制桌·台灯：甲方提供块毯：Safavieh（甲方提供）

调整门扇设计
提升客厅的品位

连接走廊与居室的门扇设计，以引起人们对居室气氛想象为目的。尤其是通往客厅的出入口的门，应改变其造型，给人客厅规格高的印象。本案特殊订制了类似殖民地风格的板式门，突出客厅的高档氛围。门把手与合叶等五金件采用古典格调，加上有紧凑感的黑色门扇，将视线自然导向客厅。

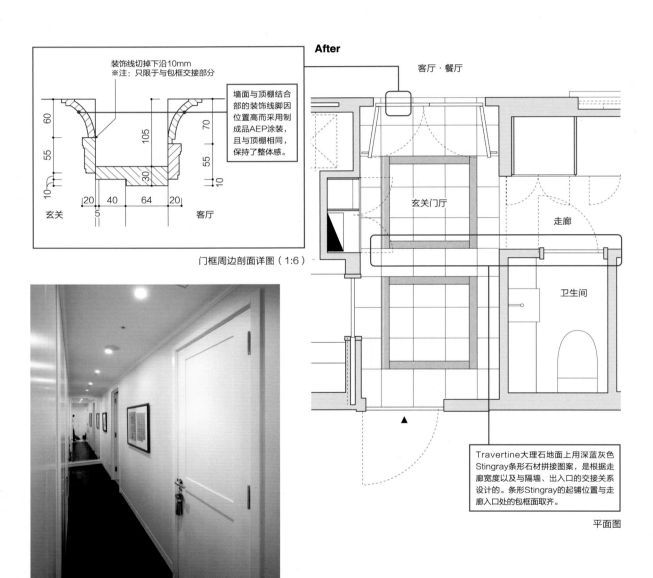

装饰线切掉下沿10mm
※注：只限于与包框交接部分

墙面与顶棚结合部的装饰线脚因位置高而采用制成品AEP涂装，且与顶棚相同，保持了整体感。

玄关　　　　　　客厅

门框周边剖面详图（1:6）

After

客厅·餐厅

玄关门厅

走廊

卫生间

Travertine大理石地面上用深蓝灰色Stingray条形石材拼接图案，是根据走廊宽度以及与隔墙、出入口的交接关系设计的。条形Stingray的起铺位置与走廊入口处的包框面取齐。

平面图

从玄关门厅横向联系各居室的走廊，地面用深色木地板，尽头做整面镜面，利用反射效果增强空间的进深感。

MATERIAL/ 六本木 M 宅邸（施工：LIFE DESIGN）

墙面：壁纸 /TE-JEANNE-VL9108（TECIDO）、不然实木装饰板　地面：大理石 /TravertineCLASSICO（advan）及 Stingray（advan）　顶棚：已有壁纸　装饰线：ART STYLE FLEX 顶棚封边条（advan）门把手·铰链类（堀金物）

用间接照明
改造藏书廊氛围

彻底改变走廊氛围的方法之一是改造成时尚书屋那样的藏书廊。书不仅是单纯地码放，还希望有装饰感，站在走廊里能看到书的封面。本案设计了正面装有玻璃的装饰架，格架顶部装有灯带，让中意的书刊漂亮地摆放展示。整面墙贴大理石，悬挂艺术品，又通过凹上式吊顶和嵌入地板的间接照明，营造自由舒展的空间氛围。

Before

After

将远离外窗没有自然光的一块地方变身为藏书廊。使用大理石彩色玻璃等有光泽的材料及间接照明烘托出明快的气氛。

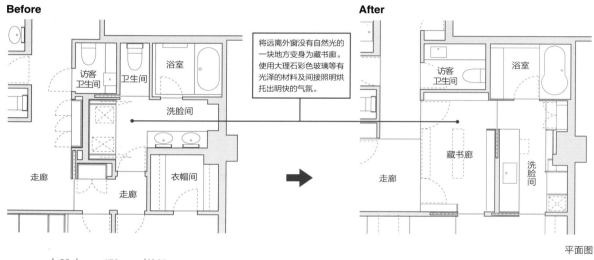

平面图

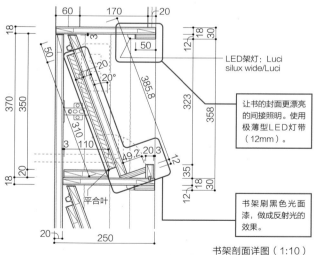

LED架灯：Luci silux wide/Luci

让书的封面更漂亮的间接照明。使用极薄型LED灯带（12mm）。

书架刷黑色光面漆，做成反射光的效果。

书架剖面详图（1:10）

书架本体采用黑色橡木半开孔漆。

MATERIAL/ 六本木 N 宅邸（施工：ReformQ+ 室内设计协调：May's Corporation）

墙面：AEP 及固定扇玻璃、大理石/Arabescato、镜子 地面：复合木地板/复合木地板 40 系列热带橡木 40Clear Brushed（IOC）顶棚：AEP 开放书架：橡木实木装饰板半开孔漆三分光泽 客厅门：胡桃木黑漆全光泽·特制把手·地弹簧铰链 艺术品：中冈真珠美（ART FRONT GALLERY）地灯：Luci·LINE GRAZE（Luci）灯槽照明：Luci·POWER FLEX（Luci）书架灯：Lucisilux wide（Luci）

用玻璃隔断
表现进深感

　　将带光泽的材料组合使用时，由于对照明灯光的反射与透射，表面不但发亮，而且会产生神奇的进深感。本案走廊尽头墙壁满贴彩色玻璃，客厅出入口采用钢框玻璃隔断，形成照明灯光交互辉映的空间效果。彩色玻璃墙的拼缝与玻璃隔断的横樘对齐，在侧光打亮墙面时，彩色玻璃的缝不至于看上去突兀。顶棚的黑色彩色玻璃和照明灯带延伸至餐厅，内外呼应。

彩色玻璃拼缝与钢玻璃隔断的横樘位置对齐，为的是当光照在墙上时，映衬出的线条不至于显得凌乱。

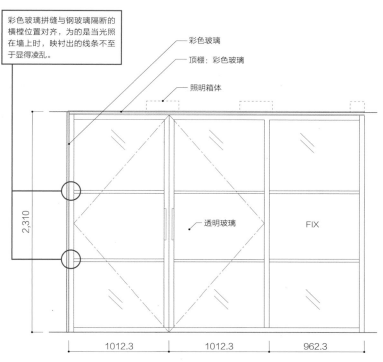

彩色玻璃
顶棚：彩色玻璃
照明箱体

2,310

透明玻璃　　　FIX

1012.3　　　1012.3　　　962.3

钢框玻璃隔断展开图（1:40）

配合已有的时尚大理石地面，整体色彩统一为深色调。统一色调并不意味着使用单一颜色，如左侧的灰色漆墙面、迎面的海军蓝灰彩色玻璃等，不同颜色会形成变化。

MATERIAL/ 南平台 N 宅邸（施工：ReformQ）
墙面：AEP 及彩色玻璃 /LACOBELAnthracite AUTHENTIC（旭硝子）地面（走廊）：已有大理石 顶棚：AEP 及彩色玻璃 /LACOBEL 经典黑（旭硝子）门扇：特殊订制，烤漆钢框玻璃隔断

带有画廊
功能的走廊

走廊空间容易显得单调乏味，改变这一状况的手法之一是赋予走廊画廊功能。在走廊的尽头或侧墙上装饰艺术品，空间就会赏心悦目。顶棚安装可以自由调节角度的通用型吸顶筒灯，用于打亮艺术品，效果会更好。点缀艺术品的墙面色彩丰富一点，另一面墙则安置收纳壁柜等（139页），建议充分运用各种可以提高走廊附加值的方式。

尽头墙面上装饰金属材质的雕塑，并用通用型吸顶筒灯打光（南青山Y宅邸）（左）。走廊两侧悬挂黑白艺术照片（南平台N宅邸）（右）。两个例子都在顶棚安装有挂画轨，设计并不凸显轨道，让墙与顶棚的交接处干净利索。

走廊尽头的上部设计一处凹进，放置装饰品。凹部侧面做竖缝凹槽，装间接照明灯（小石川S宅邸）（左）。走廊尽头做成鲜艳的橘红色，随机拼挂着家人的肖像照。近前方的点光源照明使其更醒目（南麻布MT宅邸）。

139页是代官山T宅邸，南麻布MT宅邸，摄影：ZEKE

直接照明
Direct Lighting

直接照明有两大类，一类如立灯、吊灯等，以灯具设计感取胜，另外一类如吸顶筒灯或点光源射灯等，以功能性论优劣。前者需要根据室内设计风格选择匹配度高的，后者则需要在隐藏灯具的做法上下功夫。最近，偏爱使用 LED 灯成为潮流，而且可以埋设在室内地板下。

1 TRISHNA JIVANA

2 DE MAJO

4 Kevin Reilly

3 ISAMU NOGUCHI · AKARI

1 臂灯：Beyond（TRISHNA JIVANA）（代官山 T 宅邸）**2** 水晶吊灯：2400 with Shade（DE MAJO）（白金高轮 N 宅邸）**3** 吊灯：75A(ISAMU NOGUCHI · AKARI)（纽约 S 宅邸）**4** 壁灯：TIMMEREN（Kevin Reilly）（南麻布 K 宅邸）

5 BOCCI

6 ARTERIORS

7 FLOS

8 Lumina bella

5 壁吊灯：28 系列 28.1（BOCCI）（南麻布 K 宅邸） 6 台灯：
Navarro Lamp（ARTERIORS）（六本木 N 宅邸） 7 吊灯：
Compass Box（FLOS）（代官山 T 宅邸） 8 吊灯：Lewit
pendantme（Lumina bella）（南青山 Y 宅邸）

9 吊顶槽内埋设点光源射灯

点光源射灯能移动位置，灯头可转动，使用颇为便利，但由于走线管和灯具自身的特点，容易在吊顶上形成不自然的凸起或凹进。可采取在吊顶上设沟槽，将走线管和灯具藏在沟槽里的做法决定这个问题。灯具表面和吊顶面可做到齐平（南平台 N 宅邸）。

彩色玻璃吊顶外观。合板之上用双面粘接软垫粘固定彩色玻璃片。

吊顶沟槽内部的情形。顶部可见穿孔石膏板，便于灯具背面发热时散热。

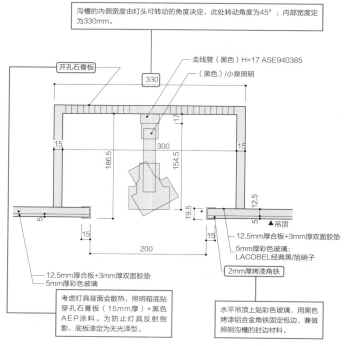

沟槽的内侧宽度由灯头可转动的角度决定，此处转动角度为45°，内部宽度定为330mm。

开孔石膏板

走线管（黑色）H=17 ASE940385

（黑色）小泉照明

330

117

15   300   15

186.5   154.5

19.5   12.5

5   5

▲吊顶

12.5mm厚合板+3mm厚双面胶垫
5mm厚彩色玻璃

15   15

200

12.5mm厚合板+3mm厚双面胶垫
5mm厚彩色玻璃：
LACOBEL经典黑/旭硝子

2mm厚烤漆角铁

考虑灯具背面会散热，照明箱底贴穿孔石膏板（15mm厚）+黑色AEP涂料。为防止灯具反射倒影，底板漆定为无光泽型。

水平吊顶上贴彩色玻璃，用黑色烤漆铝合金角铁固定包边，兼做照明沟槽的封边材料。

照明箱体详图（1:6）

10 LED 灯用作上打照明

LED 灯因表面很少发热，所以可埋设在室内地板下。不想在顶棚和墙壁上装灯时，可采用埋入地板的办法。虽然 LED 光源属于无炫光类型，但直视时还是会感觉耀眼，因此应根据光照情况在玻璃面（树脂面）上贴膜（神户 M 宅邸）。

吊顶高度2600mm，背面几乎没有空腔，电视背景墙不到顶，只到2175mm高处，通过爬梯可爬上。在考虑站在近前也看不到光源的前提下，采用了地板埋设的地灯照明。

固定玻璃，贴不透明膜

φ25竖向扶手刷白漆固定于顶棚和墙壁

爬梯

墙面：白漆饰面

装饰洞

46英寸壁挂式电视机

门厅

用于挂电视机的凹进

2,600 2,175

地灯照明为广角型，又在玻璃面上贴了防眩光膜，使墙面上不出现弧形光影。

展开图（1:150）

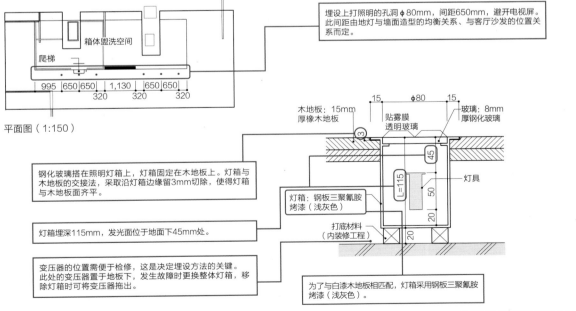

箱体盥洗空间

爬梯

995 | 650 | 650 | 1,130 | 650 | 650
320 | 320 | 320

平面图（1:150）

埋设上打照明的孔洞φ80mm，间距650mm，避开电视屏。此间距由地灯与墙面造型的均衡关系、与客厅沙发的位置关系而定。

15 φ80 15

木地板：15mm厚橡木地板

贴雾膜透明玻璃

玻璃：8mm厚钢化玻璃

③

45

灯具

L=115

50

灯箱：钢板三聚氰胺烤漆（浅灰色）

20

打底材料（内装修工程）

钢化玻璃搭在照明灯箱上，灯箱固定在木地板上。灯箱与木地板的交接法，采取沿灯箱边缘留3mm切除，使得灯箱与木地板齐平。

灯箱埋深115mm，发光面位于地面下45mm处。

变压器的位置需便于检修，这是决定埋设方法的关键。此处的变压器置于地板下，发生故障时更换整体灯箱，移除灯箱时可将变压器拖出。

为了与白漆木地板相匹配，灯箱采用钢板三聚氰胺烤漆（浅灰色）。

地板埋设灯具剖面详图（1:5）

卧室
BEDROOM

　　清晨醒来时在床上能看到怎样的景色？休息日在床上小睡时光线怎样？睡前靠在床头读书时氛围如何？这些是设计卧室时应思考的。

　　构思方案时需要与甲方协商所有细节，不仅仅是地面、墙面和顶棚的翻新，还包括床、枕、被褥、亚麻织物、窗帘或百叶、家具及照明、小饰物、壁挂艺术品和装饰品等如何落实的问题。不过，能够方便地根据季节和心情改变房间气氛，设计富于变化也是非常重要的。

　　人的一生中，日常生活的三分之一时间要在卧室度过，那么卧室的具体要求有哪些？首先是物理环境，能满足舒适睡眠和早晨自然醒来的需要。能够降低外部噪音，控制光照和冷空气进入的双层窗户、保温层、隔音遮光窗帘都是必备的设施。空调的出风口需调整方向，让冷风不直接接触人体。感观柔和的照明设计也很重要，躺在床上时，应使用看不到光源的间接照明，这需要巧妙利用台灯和地灯。所有开关均应汇集在床头边，便于躺着时操作的地方。

　　接下来要考虑的是能让人放松的室内效果。要限制色彩饱和度，基调要沉稳，同时在小装饰物上运用点缀色，给房间增添些许华丽感。可使用吸音性好的地毯（木地板块毯），生理上感觉舒适的硅藻土或天然材料制成的壁纸都是不错的选择。

　　最后要考虑的是收纳空间。面积宽裕时，步入式衣帽间当然最为理想。难以实现时考虑墙面设壁柜，合并其他功能。例如，与化妆角、电视柜、小冰箱等连成一体。

容纳书房和
化妆角的卧室

　　卧室不必理解为只是供睡眠之用的房间，附加睡前和起床后的生活功能也是可行的。卧室里设书斋、化妆角及壁柜之后，就可以在一定程度上满足更多生活需求。为了统一室内的整体效果，书桌和收纳架应使用相同的饰面和框板材料。本案将朝窗的书桌和化妆角、收纳柜连为一体，均采用硬枫木现场制作。

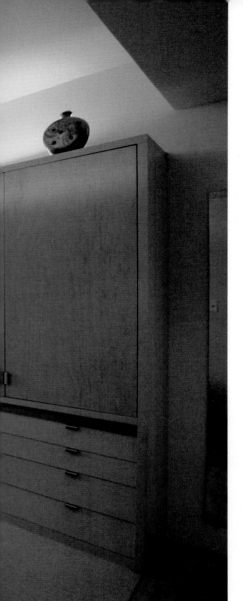

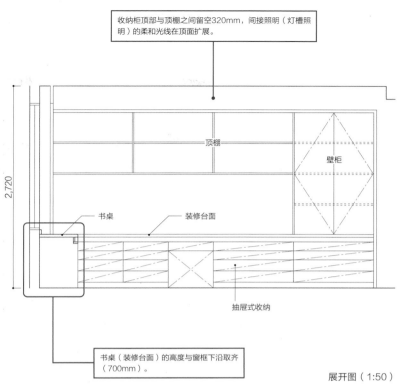

收纳柜顶部与顶棚之间留空320mm，间接照明（灯槽照明）的柔和光线在顶面扩展。

2,720

顶棚

壁柜

书桌

装修台面

抽屉式收纳

书桌（装修台面）的高度与窗框下沿取齐（700mm）。

展开图（1:50）

壁柜的高度不到顶，设间接照明（灯槽照明），柔和的光线照亮顶棚。考虑防眩光和顶棚的美观，床的正上方没有安装照明灯具。

MATERIAL/ 纽约 S 宅邸（施工：BLUE STONE）

墙面：AEP 顶棚：AEP 地面：羊毛地毯及实木地板 / 水楢木现场制作家具：硬枫木 OSCL 床头照明（甲方提供）

用小窗连接
客厅与卧室

开敞外廊式的公寓式住宅里，卧室一般不大，而且光线昏暗。在无法从外廊采光的情况下，可以在房间内开窗，与其他房间连通。窗子不需要很大，半高窗就足够了。半高窗采用推拉式，可自由调节开闭合程度为好。本案在卧室与客厅的隔墙上开了一处推拉门小窗，在窗下的用胡桃木实木装饰板做成墙裙，降低白色基调卧室的空间重心，带给空间以稳重感。

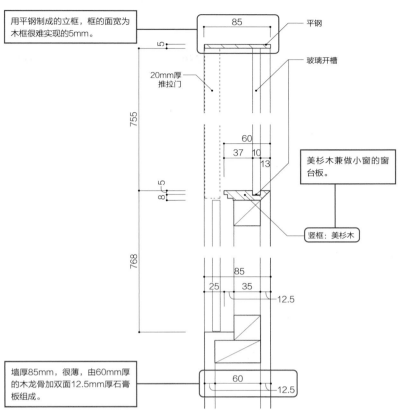

用平钢制成的立框，框的面宽为木框很难实现的5mm。

平钢

20mm厚推拉门

玻璃开槽

美杉木兼做小窗的窗台板。

竖框：美杉木

墙厚85mm，很薄，由60mm厚的木龙骨加双面12.5mm厚石膏板组成。

85

5

755

60

37 10

13

8 5

768

85

25 35

12.5

60

12.5

推拉门平面详图（1:5）

由卧室看箱形盥洗空间。用平钢制成的窗框非常纤细，使空间简洁清爽。

MATERIAL/ 神户 M 宅邸（施工：越智工务店）

墙面：AEP 墙裙：胡桃木实木装饰板地面：复合木地板 / 斯堪的纳维亚地板 Wide Blank OAEWS（斯堪的纳维亚客厅）顶棚：AEP 门扇：涂装·特制拉手床：订制 / 胡桃木色（日本床铺制造）亚麻织物：Line（Suite in Style）靠垫：ANN GISH（Neiman Marcus） 边桌：LITS（arflex）灯具：Josephine table（Lumina bella）艺术品：DRY RHYTHM（日出真司）

一体化的床头板
让卧室更时尚

　　更新装修材料通常需要大规模的施工作业，如果能巧妙利用大型外购家具，也能较为便捷地改变房间的印象。家具的拆装移动较容易实现，可以用于房间装饰风格的翻新。本案中没有对墙面、顶棚进行更改，而是利用安装在墙面上的床头板给卧室增添时尚感。床头板固定在背面的墙上，胡桃木板面，部分包人造革，两侧带抽屉。床头板与黑色木地板一起成为空间的特点和重点。

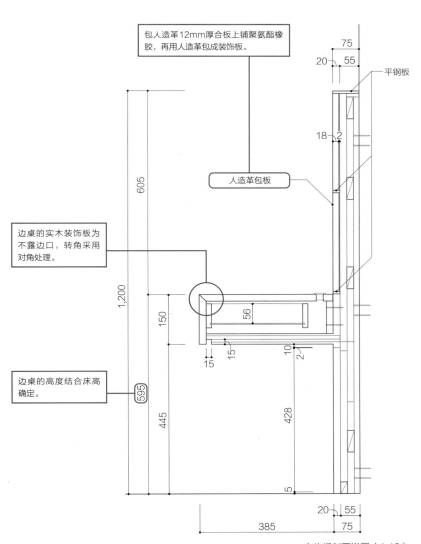

包人造革12mm厚合板上铺聚氨酯橡胶，再用人造革包成装饰板。

平钢板

人造革包板

边桌的实木装饰板为不露边口，转角采用对角处理。

边桌的高度结合床高确定。

床头板剖面详图（1:12）

MATERIAL/ 六本木 N 宅邸（施工：ReformQ+ 室内设计协调：May's Corporation）

墙面：壁纸 地面：复合木地板 / 复合木地板40系列热带橡木40Clear Brushed（IOC）顶棚：AEP 床（Simmons）床头板：胡桃木实木装饰板·人造革订制家具（YAMASHITA PLANNING OFFICE）床头板照明：Mini Kelvin LED（FLOS）亚麻织物：MARINA RIGA LARGA（FLOU）靠垫：ARMANI/CASA（MANAS TRAIDING）厚窗帘（fujie textile）遮光帘：INHOUSE（Goyointex）块毯：DIVA（National 物产）床头板板材（YAMASHITA PLANNING OFFICE）

造型简洁的边桌，上面装有插座、阅读灯和吸顶筒灯调光器。筒灯安装在床的正上方，采用 LED 灯，用调光器调节光通量。

越过壁柜
可望到盥洗室的
开阔卧室

理性思考各个居室的生活动线时，卧室与收纳空间、盥洗空间的位置应尽可能接近。本案将卧室、收纳和盥洗空间布置在同一空间序列上，打开两扇位于卧室和收纳间之间的推拉门，便可以看到远处玻璃隔断隔出的淋浴室和卫生间，卧室非常开阔。无论推拉门开启还是关闭，都想让室内空间保持设计风格统一，所以对墙面的线脚进行了整理，以免出现混乱的局面；在选择装修材料时，要使用同色系的材料。

After

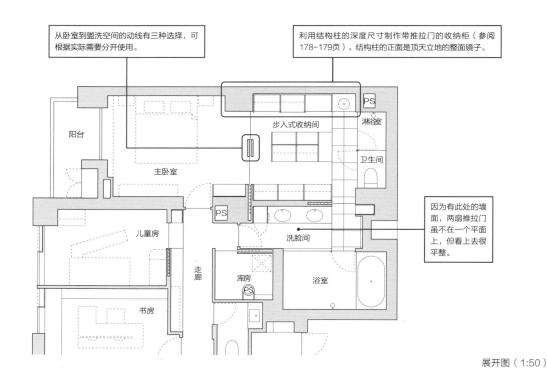

从卧室到盥洗空间的动线有三种选择，可根据实际需要分开使用。

利用结构柱的深度尺寸制作带推拉门的收纳柜（参阅178-179页）。结构柱的正面是顶天立地的整面镜子。

因为有此处的墙面，两扇推拉门虽然不在一个平面上，但看上去很平整。

展开图（1:50）

MATERIAL/ 南麻布 K 宅邸（施工：青＋现场制作家具：现代制作所）

墙面：AEP 及壁纸壁板、镜子地面（卧室）：复合木地板 / 斯堪的纳维亚地板 Wide Blank OAEWS（斯堪的纳维亚客厅）地面（化妆间）：瓷砖 / MILE STONE（ABC 商会）顶棚：AEP 床：Olivier（FLOU）亚麻织物：Namib（FLOU）吊灯：9051 SO（DE MAJO）厚窗帘 /MANAS（MANAS TRAIDING）遮光帘：Time（MANAS TRAIDING）装饰架：白漆橡木 11、门扇：彩色玻璃

从卧室深处回望，窗外的绿树和壁柜中的间接照明起装饰作用。

用框体线脚
整合梁柱
形成矮吊顶

　　钢筋混凝土框架结构的公寓式住宅，由于梁柱和管道的关系，空间容易出现凹凸不平的情况。应积极利用框体将这些凸凹整合起来，使其成为空间的亮点。本案利用梁柱的凸起设计了木质门形框架，其中墙面用贴壁纸板材装饰，墙面上挂电视机，DVD 等相关设备放在一侧的收纳柜中，墙面上没有多余的物品。门形框体的厚度与玻璃门对面的步入式收纳间中的柜体（参阅 174-175 页）进深取齐。

回望卧室。墙裙用胡桃木装饰板饰面，降低空间重心的同时，在墙裙上设计一体式的边桌，保证使用功能。

After

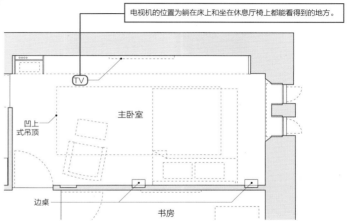

电视机的位置为躺在床上和坐在休息厅椅上都能看得到的地方。

凹上式吊顶

主卧室

边桌

书房

平面图

三边框为涂装饰面，中间墙面贴合板留出板缝，再贴壁纸完成（板缝间距900mm，露底缝）。

墙面：12.5mm厚石膏板上贴薄合板（900mm）　顶棚框：涂装饰面

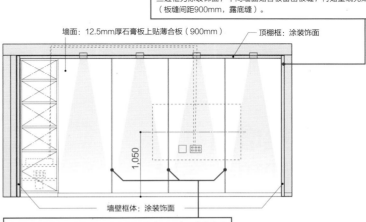

1,050

墙壁框体：涂装饰面

吸顶筒灯的安装位置、投射范围与壁板缝（3mm）不能发生重叠，板缝也不要过分显眼。

剖面详图（1:60）

MATERIAL/ 南平台 N 宅邸（施工：ReformQ）

墙面：ACCENT CLOTH/LV-5368（Lilycolor）及实木装饰板/胡桃木顺纹及 AEP 地面：复合木地板/复合木地板 20 系列 Wenge20 透明漆罩面（IOC）顶棚：AEP 床：Alicudi（FLOU）床垫：CUSTOM ROYAL（Simmons）亚麻织物：Tailor（FLOU）吊灯：Beluga steel（Lumina bella）艺术品：FRAS MIRAGE（Cassina · IXC）休息厅椅：JENSEN（Minotti）块毯：LIMMITED EDITION MUSTANG（MANAS TRAIDING）地灯：甲方提供装饰架 · 现场制作家具：胡桃木实木装饰板

利用反梁增加
收纳空间和装饰架

在公寓式住宅中，为了让顶棚平坦，许多建筑采用反梁技术，有些反梁的正上方会成为无用的死空间，利用此空间可以打造收纳壁柜、读书角等。此处沿整面墙设计了收纳柜和书桌，位于床正上方的收纳箱安装了抗震锁具以免地震时里面的物品飞散出来。床两侧设置了兼做照明开关和小物件储藏之用的小壁柜，增强了使用的便利性。

回望卧室。墙面里暗藏了电视机，并用称为 GLAS LUCE 的镜面玻璃将其完全隐去。蓝光等 AV 设备放在照片右侧的小壁柜里

占整个墙面的收纳架用胡桃木装饰板制作，凹上式吊顶贴3M DI-NOC Film（3M）在白色基调的室内空间中成为特色。

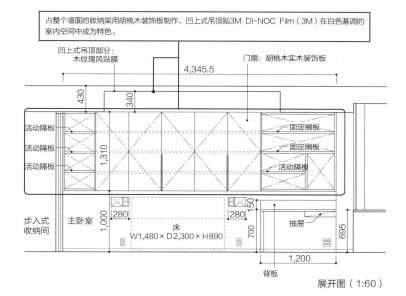

凹上式吊顶部分：
木纹理风贴膜

门扇：胡桃木实木装饰板

4,345.5

430

340

活动隔板

活动隔板

活动隔板

1,310

固定搁板

固定搁板

活动隔板

步入式
收纳间

主卧室

1,000

280

床
W1,480 × D2,300 × H890

280

700

150

抽屉

695

1,200

背板

展开图（1:60）

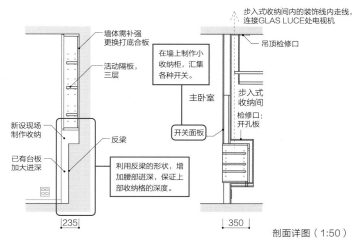

步入式收纳间内的装饰线内走线，连接GLAS LUCE处电视机

墙体需补强
更换打底合板

活动隔板，
三层

吊顶检修口

在墙上制作小
收纳柜，汇集
各种开关。

主卧室

步入式
收纳间

新设现场
制作收纳

反梁

开关面板

检修口：
开孔板

已有台板
加大进深

利用反梁的形状，增
加腰部进深，保证上
部收纳格的深度。

235

350

剖面详图（1:50）

MATERIAL/ 代官山 T 宅邸（施工：ReformQ）

墙面：AEP 地面：地毯 /HDC-809-03（堀田地毯）顶棚：AEP 凹上式吊顶：3M DI-NOC Film（3M）镜面玻璃：GLAS LUCE（HANAMURA）遮光百叶：Silhouette Shade（Hunterdouglas）床：甲方提供（arflex）休息厅椅：JENSEN（Minotti）咖啡桌：WARREN（Minotti）艺术品：Luca Di Filippo（Subject Matter）书架·书桌：胡桃木实木装饰板 书桌椅：Aeron Chair（HermanMiller）书桌灯：KELVIN LED（FLOS）

间接照明
Indirect Lighting

间接照明将灯具隐去的同时，可以用柔光美化空间，因此受到众多建筑师的青睐。随着 LED 灯的普及，建筑师的选择自由度大大拓宽了。LED 灯体积小，也很省电，方便应用在各种各样需要灯光效果的场所。另外，灯带也容易加工，用在吊顶上当然没有问题。地板下、登堂框下、现场制作的家具等等都是适合用 LED 灯做间接照明的地方。

1 吊顶上和地板下做间接照明

利用凹上式吊顶的高差做间接照明（灯槽照明），让顶棚有明亮的开阔感，与埋设在地板下的间接照明一起打亮大理石墙面。地板下投向上方的光照使空间具有悬浮感，形成一种画廊般的时尚氛围（六本木 N 宅邸）。

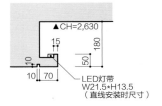

▲CH=2,630
180
15
50
10
10 70
LED灯带
W21.5*H13.5
（直线安装时尺寸）

此为凹上式吊顶安装间接照明的标准节点做法。面板厚50mm，与顶面间的留空130mm。

走廊凹上式吊顶详图（1:15）

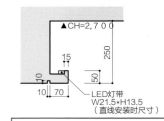

▲CH=2,700
250
15
50
10
10 70
LED灯带
W21.5*H13.5
（直线安装时尺寸）

为使书架上方有开阔感，与顶面间的留空为200mm。

图书室凹上式吊顶详图（1:15）

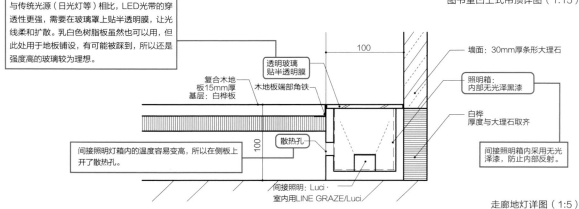

与传统光源（日光灯等）相比，LED光带的穿透性更强，需要在玻璃罩上贴半透明膜，让光线柔和及扩散。乳白色树脂板虽然也可以用，但此处用于地板铺设，有可能被踩到，所以还是强度高的玻璃较为理想。

复合木地板15mm厚
基层：白桦板

透明玻璃贴半透明膜

木地板端部角铁

墙面：30mm厚条形大理石

照明箱：内部无光泽黑漆

白桦厚度与大理石取齐

散热孔

间接照明灯箱内的温度容易变高，所以在侧板上开了散热孔。

间接照明箱内采用无光泽漆，防止内部反射。

间接照明：Luci·室内用LINE GRAZE/Luci

走廊地灯详图（1:5）

2 现场制作的家具和登堂框里做间接照明

该例在镜面吊柜的上下方、和地面高差形成的登堂框背后安装了间接照明。前者使得人站在镜子前时没有强光打在脸上，没有耀眼感。后者使得部分地面明亮，产生悬浮感。LED灯可作为长明灯，安全性也有保障（南麻布K宅邸）。

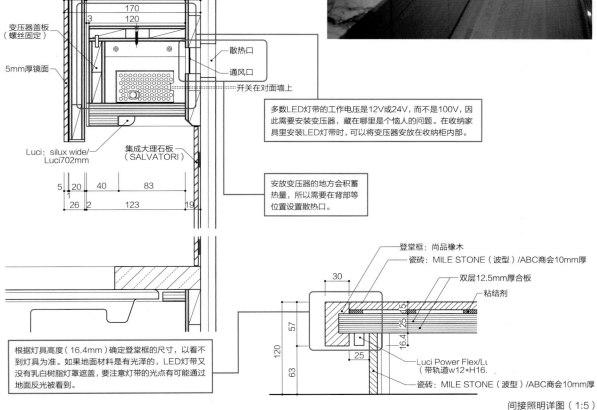

变压器盖板（螺丝固定）

5mm厚镜面

散热口
通风口
开关在对面墙上

Luci: silux wide/Luci702mm

集成大理石板（SALVATORI）

多数LED灯带的工作电压是12V或24V，而不是100V，因此需要安装变压器，藏在哪里是个恼人的问题。在收纳家具里安装LED灯带时，可以将变压器安放在收纳柜内部。

安放变压器的地方会积蓄热量，所以需要在背部等位置设置散热口。

根据灯具高度（16.4mm）确定登堂框的尺寸，以看不到灯具为准。如果地面材料是有光泽的，LED灯带又没有乳白树脂灯罩遮盖，要注意灯带的光点有可能通过地面反光被看到。

登堂框：尚品橡木
瓷砖：MILE STONE（波型）/ABC商会10mm厚
双层12.5mm厚合板
粘结剂

Luci Power Flex/Lu
（带轨道w12*H16.
瓷砖：MILE STONE（波型）/ABC商会10mm厚

间接照明详图（1:5）

其他房间
VARIOUS ROOM

　　本章将针对书房、儿童房、收纳间等空间的设计进行讲解。书房的专属性最强，在住宅使用要求的优先次序中排序靠后，被安排在客厅·餐厅或卧室、走廊的某个角落，比如，设计带一张小桌子的读书角。条件允许时，可以设计一间夫妇共用的稍大的书房，虽不属于个人专用，但如果房间里有个人偏好的座椅和电脑，便是一处可以沉心静气的空间。造一处可供全家人使用的图书室也是一个不错选择，多数情况下每个人使用此房间的时间段不同，实际使用效果多比预想的要好。

　　儿童房要考虑孩子的个性养成与家人联络的均衡关系，尽量避免形成完全孤立的个体房间，不少设计努力实现如何让一部分活动场所在儿童房之外。比如，为孩子设计游戏角，为孩子读书和做作业设计家庭图书室。孩子的衣服收纳空间可安排在走廊的另一侧，设计孩子们共用的收纳柜，让孩子们必不可少的生活要素分散在户内各个地方，或许也是不错的解决方案。

　　最后是收纳空间。如果墙面收纳柜能实现一个开间设计会有更高的实用性。如果衣服的收藏量大，设计找衣服时能一目了然的步入式收纳间很有必要。不过公寓式住宅中常见的步入式收纳间过于狭窄，几乎无法穿衣转身，转角部位也容易出现死角。因此，采用普通的墙面收纳柜，不但单位面积的收纳量大，使用便利性也许会更高。若衣服多，空间也宽裕的话，可选择欧美家装中常见的穿通式收纳间，将收纳间安排在卧室和盥洗空间之间，是一种非常合理的布局方式。

客厅和餐厅之间
设读书角

客厅和餐厅各有各的形状。如果形状规则家具布局会
容易；如果形状不规则，就有可能出现多余空间。这种情
况下可以把多余的空间改造成读书角或收纳空间。本案将
带有装饰架和书桌的读书角布置在客厅和餐厅之间，使两
者的关系不至于疏离，又可以催生出多种形式的沟通交流
活动。

After

台面造型的构思源于钢筋混凝土结构柱的形状。

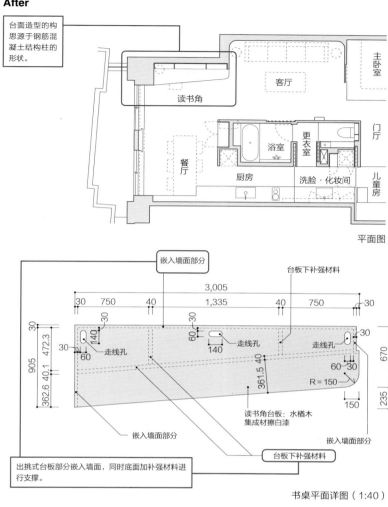

主卧室

客厅

读书角

门厅

浴室

更衣室

餐厅

厨房

洗脸·化妆间

儿童房

平面图

嵌入墙面部分

台板下补强材料

3,005

30　750　40　1,335　40　750　30

嵌入墙面部分

走线孔

走线孔

走线孔

读书角台板: 水楂木集成材擦白漆

嵌入墙面部分

R = 150

150

嵌入墙面部分

台板下补强材料

出挑式台板部分嵌入墙面, 同时底面加补强材料进行支撑。

书桌平面详图 (1:40)

MATERIAL/ 神户 M 宅邸 (施工: 越智工务店)

地面: 复合木地板 / 斯堪的纳维亚地板 Wide Blank OAEWS (斯堪的纳维亚客厅) 墙面: 硅藻土 / Tanacream (田中石灰工业) 及 AEP 顶棚: AEP 书架 · 台板: 胡桃木实木装饰板及白漆橡木桌灯: Libra (Lumina bella) 椅子: JK (arflex) 沙发: CONSETA (IDEC) 大茶几: RYUTARO (INTERIORS) 块毯: KINNA SAND (MANAS TRAIDING) 地灯: LA FIBULE HILAIRE (FUGA)

从客厅看读书角。在装饰架、书桌和沙发之间设短隔墙, 让空间平缓过渡。设有间接照明的圆形吊顶将客厅和读书角联系在一起。

有简洁活动隔板书架的书房

根据书的收藏量设计书架是书房设计的基本要求。如果全部做成固定书架，将来发生变化时会难以应对。如果做成活动隔板，架钉孔又会很惹眼，书架整体设计会不够简洁利索。本案采用了丹麦制的架钉，使活动隔板的架钉孔最小化。此外，在设计书架造型时，搁板下暗藏间接照明，组合使用人造革面的搁板和薄型抽屉，让书架造型不显单调，富于变化。

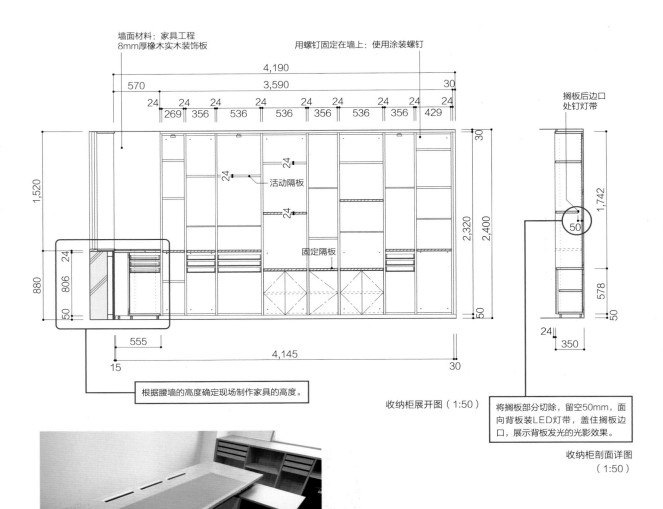

墙面材料：家具工程 8mm厚橡木实木装饰板

用螺钉固定在墙上：使用涂装螺钉

搁板后边口处钉灯带

活动隔板

固定隔板

根据腰墙的高度确定现场制作家具的高度。

收纳柜展开图（1:50）

将搁板部分切除，留空50mm，面向背板装LED灯带，盖住搁板边口，展示背板发光的光影效果。

收纳柜剖面详图（1:50）

为了隐藏电缆，采用从地面插座沿桌板下走线的模式。

MATERIAL/ 南麻布 K 宅邸（施工：青＋现场制作家具：TRISHNA JIVANA）
墙面：AEP 及固定式和纸板材（KAMISM）地面：复合木地板 / 斯堪的纳维亚地板 Wide Blank OAEWS（斯堪的纳维亚客厅）顶棚：AEP 书架：订制 /Slab 部分搁板包人造革（TRISHNA JIVANA）桌子：订制 / 橡木水纹涂装·局部台板为三聚氰胺装饰板（YAMASHITA PLANNING OFFICE）窗户：固定式和纸板材（KAMISM）遮光帘：Silhouette Shade（Hunterdouglas）

透过玻璃隔断
可见客厅的书房

　　如果想让书房既与其他房间保持联系，又能保证私密性，设计玻璃隔断是个有效的办法。为防止书房景观因堆放文件而显得杂乱，可在隔断处安装活动百叶窗以控制视线的通透性。本案采用挺直分割的钢框玻璃隔断将书房与客厅·餐厅分开，同时保持视觉上的连续性。书房吊顶埋设的窗帘盒悬挂活动百叶窗，让书房成为一处可以独处的空间。从吊顶垂下的可升降吊灯增加了空间的趣味性。

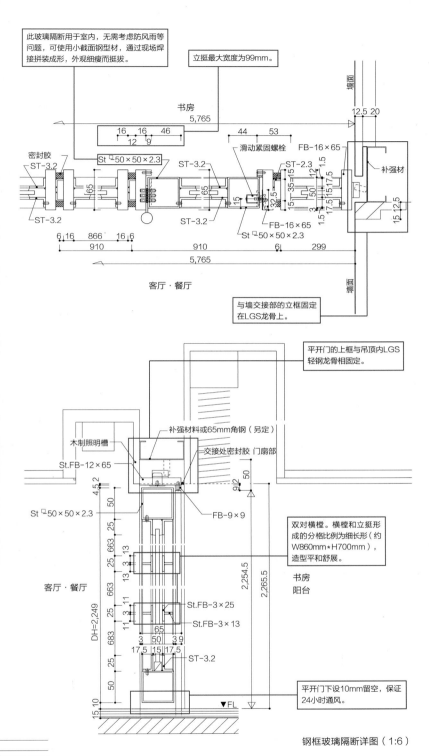

此玻璃隔断用于室内，无需考虑防风雨等问题，可使用小截面钢型材，通过现场焊接拼装成形，外观细瘦而挺拔。

立挺最大宽度为99mm。

书房
5,765

密封胶
ST-3.2
St ⊡ 50×50×2.3
ST-3.2
滑动紧固螺栓
FB-16×65
补强材
ST-3.2
ST-3.2
ST-2.3
ST-3.2
FB-16×65
St ⊡ 50×50×2.3

客厅·餐厅

与墙交接部的立框固定在LGS龙骨上。

平开门的上框与吊顶内LGS轻钢龙骨相固定。

木制照明槽
St.FB-12×65
补强材料或65mm角钢（另定）
交接处密封胶 门扇部
FB-9×9
St ⊡ 50×50×2.3

客厅·餐厅

双对横樘。横樘和立挺形成的分格比例为细长形（约W860mm*H700mm），造型平和舒展。

书房
阳台

St.FB-3×25
St.FB-3×13
ST-3.2

平开门下设10mm留空，保证24小时通风。

DH=2,249

▼FL

钢框玻璃隔断详图（1:6）

MATERIAL/ 六本木 T 宅邸（施工：辰）

墙面：AEP 地面：复合木地板 / 斯堪的纳维亚地板 Wide Blank OAEWS（斯堪的纳维亚客厅）顶棚：AEP 书房桌：订制（YAMA SHITA PLANNING OFFICE）吊灯：ARTEMIDE（YAMAGIWA）木制百叶窗：Nanik 系列（Nanik Japan）

激发童心的
儿童房

儿童房设计重在培养孩子丰富的想象力、和自己也能玩耍的能力。例如，可以设双层床和滑梯，形成各种各样的小空间，提高整体空间的使用率。女孩子的房间可使用织物或亚麻质地的饰物，可以是粉色或带图案的，可不限于墙面，适当加入白色调，形成可爱的空间。男孩子的房间宜采用复杂的空间元素激发孩子的探险欲，如设置攀岩墙和绳索，可以锻炼孩子的体能。

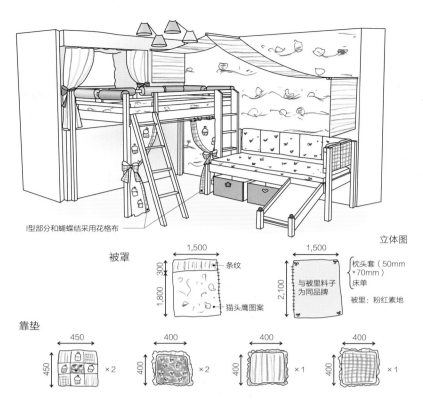

I型部分和蝴蝶结采用花格布

立体图

被罩

1,500 — 条纹

300
1,800

猫头鹰图案

1,500

2,100

枕头套（50mm
*70mm）

床单

被里：粉红素地

与被里料子
为同品牌

靠垫

450
450
×2

400
400
×2

400
400
×1

400
400
×1

男孩的活动量大，容易产生噪音对楼下形成干扰。此处采用了隔音木地板，并铺设拼块地毯，局部还铺有块毯，以降低噪声。

MATERIAL/ 神户 M 宅邸（女孩房间）（施工：越智工务店 + 现场制作家具：Vibel ）

墙面：进口壁纸（Harlequin）地面：复合木地板 / 斯堪的纳维亚地板 Wide Blank OAEWS（斯堪的纳维亚客厅）顶棚：AEP 床·长椅全套（Vibel）吊灯（Vibel）壁灯：半嵌入式壁灯（森川制作所）窗帘·纱帘·卷帘（DESIGNERS GUILD）天棚（Vibel）

MATERIAL/ 南麻布 K 宅邸（男孩房间）（施工：青 + 现场制作家具：Angel Share ）

墙面：进口壁纸 /Sanderson（MANAS TRAIDING）地面：拼块地毯 /GX3018（TOLI）顶棚：AEP 床·含滑梯（Angel Share）被罩：订制 /Sanderson（MANAS TRAIDING）块毯：豌豆绿块毯（TOLI）书架（Angel Share）

在客厅深处
用色彩
划分儿童游戏角

越来越多的设计师会在大面积的客厅·餐厅一角设置儿童游戏角。这种设计的问题是，孩子的玩具毫无规律地散乱在客厅各处，空间变得杂乱无章。为了防止出现这样的状况，可以建造小壁橱，明确功能分区，并用不同的色彩将儿童游戏角清楚地从室内色调中划分出来。本案使用了黄色墙面和黄色块毯，让孩子能凭直觉理解属于自己的空间边界。确定空间边界的，要点是既要方便观察孩子玩耍的状态，又要使玩具不易散落到所设范围之外。

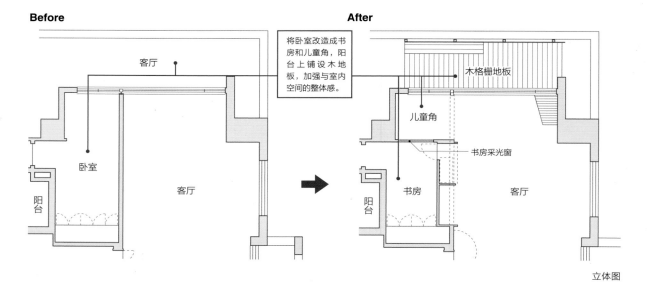

立体图

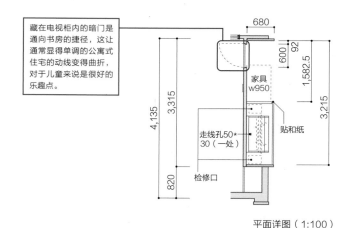

平面详图（1:100）

照片左侧是电视柜，中间深处的门通往书房。

摄影：ZEKE

MATERIAL/ 南麻布 MT 宅邸（策划·施工：ZEKE+ 现场制作家具：SSK）

墙面：壁纸 /neuerove（旭兴）及 AEP 地面：复合木地板 / 斯堪的纳维亚地板 Wide Blank OAEWS（斯堪的纳维亚客厅）顶棚：壁纸 /neuerove（旭兴）电视柜家具（SSK）

隔着小院的日式房间

在公寓式住宅里设计正规的日式房间时，该房间与其他居室的关系是空间处理的难点。因整体设计以西式现代风者居多，可以设想人们在踏进日式房间的一刹那会产生怎样的违和感。本案设计了铺石材地面的贯通小院和利用地面高差制作的登堂框。穿通式小院和登堂框的高差使人步行时需留心脚下，感受到时间上的距离感，因而更平缓地完成从西式到日式空间的心理过渡。

After

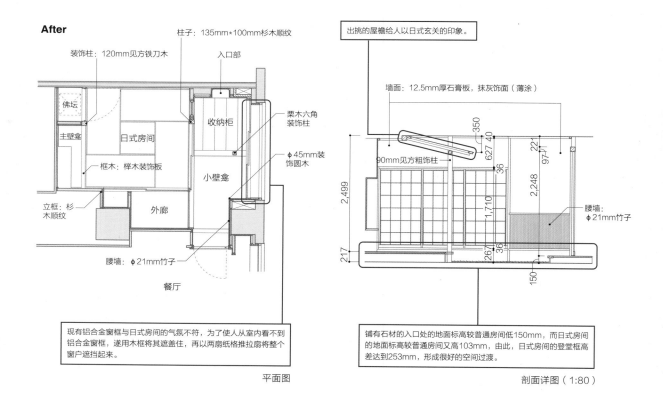

柱子：135mm*100mm杉木顺纹

装饰柱：120mm见方铁刀木

入口部

佛坛

主壁龛

日式房间

框木：榉木装饰板

立框：杉木顺纹

收纳柜

栗木六角装饰柱

φ45mm装饰圆木

小壁龛

外廊

腰墙：φ21mm竹子

餐厅

现有铝合金窗框与日式房间的气氛不符，为了使人从室内看不到铝合金窗框，遂用木框将其遮盖住，再以两扇纸格推拉扇将整个窗户遮挡起来。

平面图

出挑的屋檐给人以日式玄关的印象。

墙面：12.5mm厚石膏板，抹灰饰面（薄涂）

90mm见方粗饰柱

350
627
40
36
221
97
2,248
36
1,710
267
217
2,499
150

腰墙：φ21mm竹子

铺有石材的入口处的地面标高较普通房间低150mm，而日式房间的地面标高较普通房间又高103mm，由此，日式房间的登堂框高差达到253mm，形成很好的空间过渡。

剖面详图（1:80）

MATERIAL/ 高轮 M 宅邸（施工：现代制作所）

墙面：土墙 / JOLYPATE 爽土淡路土（AICA 工业）墙面（主壁龛）：绫部板 + 无双·竹片 + 格板地面：江户榻榻米、栗木实木板（粗面）、汀步石和砂石顶棚：矢羽网代煤女竹，拉缝杉木水纹板顺纹板屋顶：装饰梁 + 装饰檩条及挑檐 / 苇帘

设有主壁龛（左）和佛坛（右）的四帖半正规日式房间。装饰柱采用耐久性好的 120mm 见方铁刀木。

有展柜的
穿通式收纳间

收纳空间是出门之前挑选服饰的地方。为了节省早晨出门前的时间，方便寻找衣物，将收纳间做成穿通式的比较好。本案就设计了一处连通卧室和盥洗空间的如高档专卖店似的穿通式收纳间。它不但整合了户内动线，使之更合理，更通过新设装饰架和岛式玻璃收纳柜，增添了欣赏服饰的乐趣。采用系统收纳使得日后改变抽屉和挂裤架的布局成为了可能。

After

穿通式收纳间和盥洗空间距离近，洗漱时的家务动线效率会提高，卧室·穿通式收纳间和洗脸间串成一列，使得早晨起床后的活动变得顺畅。

结构柱和管道井上也使用了一样的墙面材料，增强了空间的整体感。

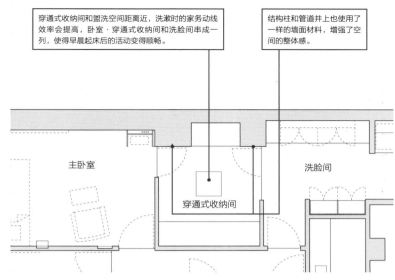

主卧室

穿通式收纳间

洗脸间

平面图

岛式收纳柜的顶板用玻璃制作，类似展柜的结构。

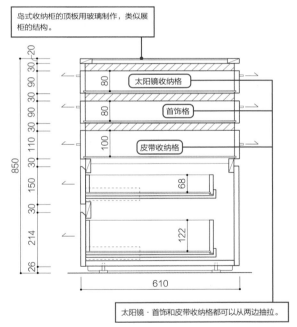

太阳镜收纳格

首饰格

皮带收纳格

太阳镜·首饰和皮带收纳格都可以从两边抽拉。

岛式收纳柜剖面详图（1:15）

MATERIAL/ 南平台 N 宅邸（施工：ReformQ ）

墙面：AEP 及镜子地面：复合木地板 / 复合木地板 20 系列 Wenge20
透明漆罩面（IOC）顶棚：AEP 收纳柜：GLISS QUICK（Molteni ）
岛式家具：订制（arflex ）

让卧室变身为
步入式收纳间

服装足够多时，可以将多余的居室改造成收纳间。本案即把两间居室改造成了步入式收纳间。由于居室有外窗，为防止衣服因被紫外线照射而变色或褪色，需要给收纳家具安装柜门。柜门上再装上挂钩的话，临时挂衣物就会很方便。此外可以添设分别放置箱包、小饰物和珠宝饰品的格板以及穿衣镜。

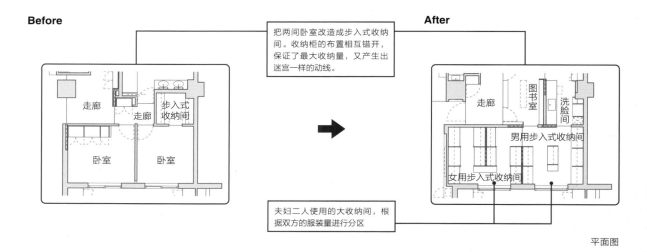

Before

After

把两间卧室改造成步入式收纳间。收纳柜的布置相互错开，保证了最大收纳量，又产生出迷宫一样的动线。

夫妇二人使用的大收纳间，根据双方的服装量进行分区

平面图

原本是卧室，所以自然采光的步入式收纳间里很明亮。为了不使房间过分明亮，窗前安装了遮光百叶。

从步入式收纳间看洗脸间和浴室。收纳间的地面为复合木地板，洗脸间的地面为瓷砖。

MATERIAL/ 六本木 N 宅邸（施工：ReformQ+ 现场制作家具：TIME&STYLE）

墙面：AEP 和镜子地面：复合木地板 / 复合木地板 40 系列热带橡木 40Clear Brushed（IOC）顶棚：AEP收纳柜 胡桃木顺纹实木装饰板 UC 三分光泽（TIME&STYLE）壁灯：Beluga white G27（Lumina bella）遮光帘：双层遮光帘（fujie textile）

连接卧室与盥洗室的连通式收纳间

凹字形步入式收纳间的问题在于房间的四个角无法得到充分利用，然而连通式收纳间很难出现死角。本案的收纳间设置了两条通道，包括三列收纳柜和开放式隔架，将卧室与盥洗空间联系起来。另一方面，为了避免盥洗空间散发的湿气对服装产生不良影响，卫生间和淋浴间用玻璃隔断封闭起来，并设置了排风扇。埋设在吊顶灯箱里可调整角度的点光源射灯，让西服和箱包显得更漂亮。

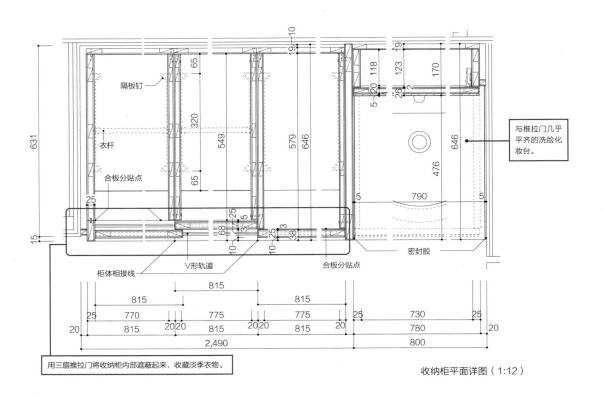

隔板钉

衣杆

合板分贴点

与推拉门几乎平齐的洗脸化妆台。

密封胶

柜体相接线 V形轨道 合板分贴点

用三扇推拉门将收纳柜内部遮蔽起来，收藏淡季衣物。

收纳柜平面详图（1:12）

MATERIAL/ 南麻布 K 宅邸（施工：青 + 现场制作家具：现代制作所）

墙面：AEP 和镜子 地面（卧室）：复合木地板 / 斯堪的纳维亚地板 Wide Blank OAEWS（斯堪的纳维亚客厅）地面（化妆间）：瓷砖 /MILE STONE（ABC 商会）顶棚：AEP 收纳柜：白橡木油漆收纳系统（Hafele）淋浴间：订制（Tokyo Bath Style）

从卧室看连通式收纳间。关上推拉门后视线被阻隔，气氛沉稳。

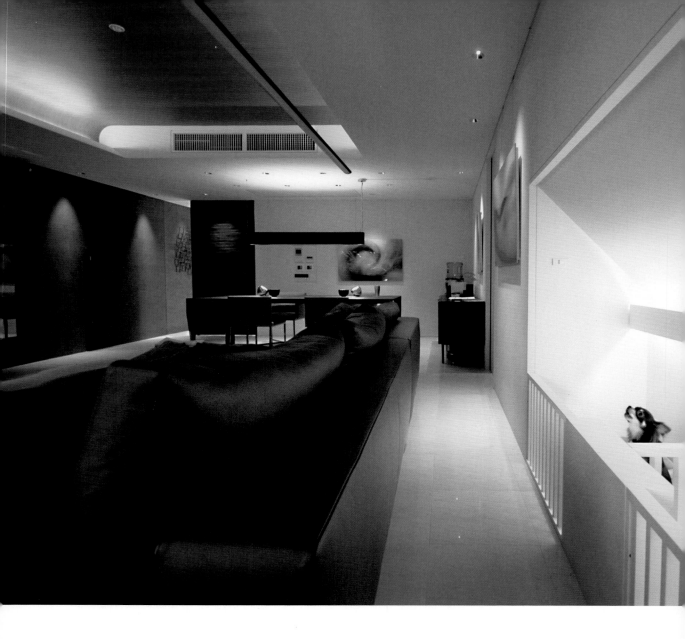

客厅一角的
宠物空间

宠物对于城市中心的公寓式住宅来说越来越重要。在客厅·餐厅的一角设置宠物角，供主人与宠物长时间相处，这种需求无法忽视。利用钢筋混凝土框架结构的梁柱之间的空当，或如本案一样利用收纳柜的进深做宠物空间是最适宜的做法。这样可以在不影响室内风格的条件下，拥有与宠物共处的理想化空间环境。

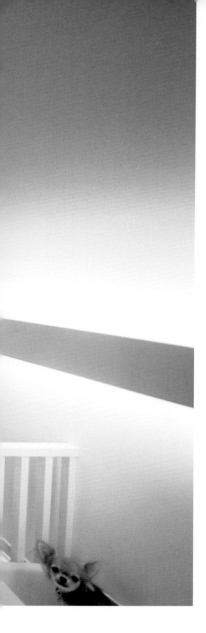

Before

客厅·餐厅

居室1

拆除居室里的部分收纳柜，利用收纳柜的深度600mm，改作面向背面客厅·餐厅的宠物空间。

After

客厅·餐厅

宠物空间

居室1

平面图

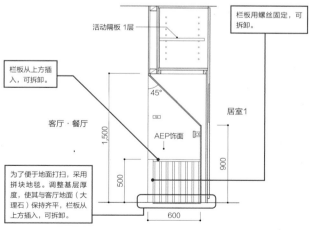

栏板用螺丝固定，可拆卸。

活动隔板 1层

栏板从上方插入，可拆卸。

45°

客厅·餐厅

1,500

AEP饰面

居室1

500

900

为了便于地面打扫，采用拼块地毯。调整基层厚度，使其与客厅地面（大理石）保持齐平，栏板从上方插入，可拆卸。

600

宠物空间剖面详图（1:40）

MATERIAL/ 代官山 T 宅邸（施工：ReformQ）

墙面：AEP 和天然石材 /Basaltina（advan）地面（已有）：天然大理石 /Perlino white 宠物角地面：拼块地毯顶棚：AEP 凹上式吊顶：3M Dinoc film（3M）餐桌：Diamond（Molteni）餐椅：FLYNT CROSS BASE（Minotti）沙发：SHERMAN（Minotti）餐厅吊灯：Compass Box（FLOS）艺术品：Juliette Ferguson（Subject Matter）

设备
Equipment

电器摆放不当时有可能影响室内空间的美观。尤其是电视机的尺寸越来越大，墙面设计得整齐美观并不是一件容易事。在高档公寓式住宅的翻新设计中，要求安装比50英寸还大的电视机的案例不少，推荐两种应对的方法。一是在墙面上做大凹槽将电视机放进去，让电视机屏幕面与墙面齐平。二是使用特殊镜面玻璃将电视机挡住，从视觉上消除其存在感。

1 将电视机放进墙面凹槽

该案在墙面上做了大的凹槽，将电视机放进，使其与墙面齐平。凹槽内部配合电视画面的颜色，采用深色的彩色玻璃饰面，使得电视机并不显眼，而整个凹槽则成为白色墙面上的点缀（六本木N宅邸）。

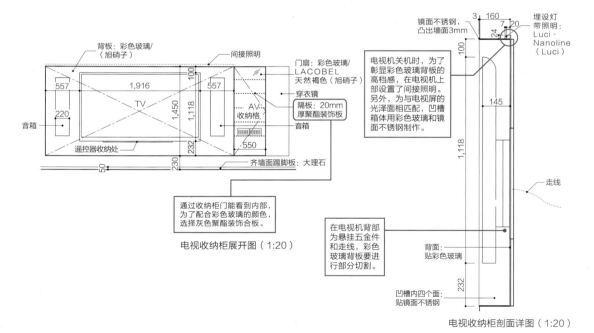

背板：彩色玻璃/（旭硝子）

间接照明

门扇：彩色玻璃/LACOBEL天然褐色（旭硝子）

穿衣镜

隔板：20mm厚聚酯装饰板

AV收纳格

音箱

557　1,916　100　557

220

TV　1,450　1,118

232

遥控器收纳处

550

50　230

音箱

齐墙面踢脚板：大理石

通过收纳柜门能看到内部，为了配合彩色玻璃的颜色，选择灰色聚酯装饰合板。

电视收纳柜展开图（1:20）

电视机关机时，为了彰显彩色玻璃背板的高档感，在电视机上部设置了间接照明。另外，为与电视屏的光泽面相匹配，凹槽箱体用彩色玻璃和镜面不锈钢制作。

镜面不锈钢，凸出墙面3mm

埋设灯带照明：Luci · Nanoline（Luci）

3　160
24　7　20
100
145
1,118

走线

背面：贴彩色玻璃

232

在电视机背部为悬挂五金件和走线，彩色玻璃背板要进行部分切割。

凹槽内四个面：贴镜面不锈钢

电视收纳柜剖面详图（1:20）

2 用镜面玻璃遮挡电视机

用镜面玻璃遮挡电视机的 GLAS LUCE（HANAMURA）系统，消除了电视机的存在感。关掉电视机电源后，完全看不出 GLAS LUCE 后面隐藏的东西。开启电视机时，给人感觉画面是从黑色镜面后面冒出来的（代官山 T 宅邸）。

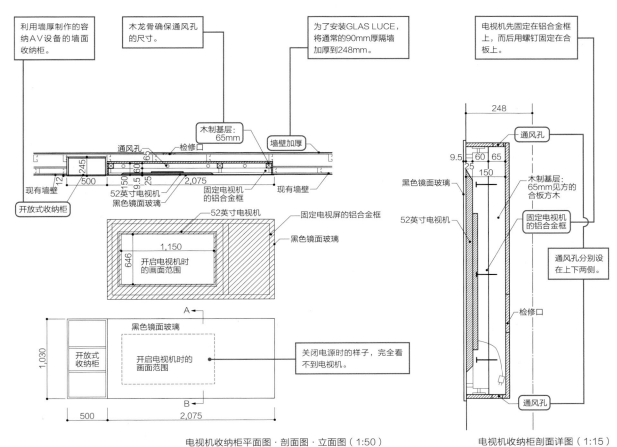

利用墙厚制作的容纳 AV 设备的墙面收纳柜。

木龙骨确保通风孔的尺寸。

为了安装 GLAS LUCE，将通常的 90mm 厚隔墙加厚到 248mm。

电视机先固定在铝合金框上，而后用螺钉固定在合板上。

木制基层：65mm

通风孔　检修口　墙壁加厚

现有墙壁　现有墙壁
245
12　500
9.5　25　150　60　65
2,075
开放式收纳柜
52英寸电视机
黑色镜面玻璃
固定电视机的铝合金框

52英寸电视机
固定电视屏的铝合金框
黑色镜面玻璃
1,150
646
开启电视机时的画面范围

A　B
黑色镜面玻璃
开启电视机时的画面范围
1,030
开放式收纳柜
500　2,075

关闭电源时的样子，完全看不到电视机。

电视机收纳柜平面图·剖面图·立面图（1:50）

248
9.5　60　65
25　150
黑色镜面玻璃
52英寸电视机
通风孔
木制基层：65mm见方的合板方木
固定电视机的铝合金框
通风孔分别设在上下两侧。
检修口
通风孔

电视机收纳柜剖面详图（1:15）

盥洗空间
SANITARY

盥洗空间包括洗脸间、浴室和卫生间等，是居住者之间最有可能互见对方身体的场所，设计时需要特别细心，审慎处理好空间关系。例如，有的夫妇共用一处洗脸间，有的夫妇各自有独立的洗脸间，有的希望洗脸间宽敞，其中摆放按摩椅或健身器材，还有的家庭要求大人和孩子使用不同的更衣室。有向往大理石和玻璃饰面的如宾馆般的豪华空间的，也有重视织物、消耗品和内衣类的收纳能力的。总之，甲方对盥洗空间有多样化的具体要求。

同时，在公寓式住宅的翻新改造中，盥洗空间是可与厨房的单位造价比肩的最贵的地方。特别是那些用传统工法建造的浴室——在结构楼板、墙板上做防水层贴瓷砖，拆除工程相当耗时费钱，所产生的噪音也很容易造成与邻居的矛盾，有的住宅采取了禁止此项作业的策略。虽然也有拆除现有浴室后安装豪华型订制盒子或半盒子式预制浴室的，但对于那些稍加修整便可使用的浴室，可以对浴缸、墙壁和顶棚、淋浴器及水龙头五金件等进行修补翻新，更换灯具，这样便可以形成焕然一新的空间印象。

改造浴室时没有必要全部更换新品，根据需要选择施工项目，便可以实现高性价比的浴室翻新。

浴室翻新时，经常采取拆除现有浴室后安装全新的盒子式预制浴室的办法。全套的预制浴室虽然安全合理，但无法体现个性。本章介绍翻新浴室时，如何做出富于个性的方案。

分别设计
男女盥洗室

分别设计夫妇各自的盥洗室时，不光是功能方面，室内空间的格调也应分开考虑：男用的深色调，女用的轻盈淡雅，两者对比分明。在本案中，男用的采用了1824型带电视的订制盒子浴室（盒子浴室，简称UB，装配式定型尺寸。1824即1.8m宽，2.4m长的浴室。）女用的不设浴缸而只做淋浴间，另设带有化妆角的大型洗脸台。男用洗脸间里设置了出浴后喝啤酒的冰箱，女用洗脸间里设有用于低温保存化妆品的小型冰箱。

Before

缩小现有浴室，做成女用淋浴间并扩大洗脸间。长长的洗脸台下收藏有放置化妆品的冰箱

After

拆除原有卫生间并拓宽成男用浴室，另外拆除步入式收纳间并拓宽了洗脸间

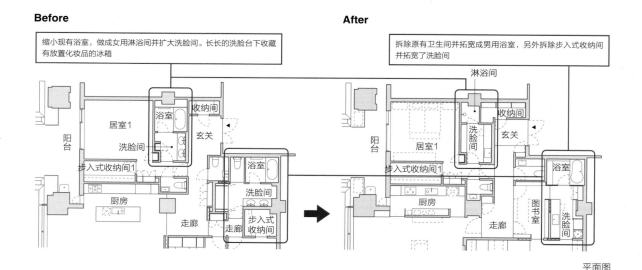

平面图

男用盥洗空间（左），墙面和地面统一为深褐色，是一处带有电视机和淋浴花洒的豪华型浴室。女用淋浴间（右）铺有质感分明的大型大理石风瓷砖。

MATERIAL/ 六本木 N 宅邸（施工：ReformQ+ 浴室·淋浴间：东京 BATH STYLE）
浴室：订制盒子浴室（东京 BATH STYLE）淋浴间：订制盒子式淋浴间（东京 BATH STYLE）墙面（浴室）瓷砖 /PIETRE SICILIANA Burchi（advan）墙面（淋浴间）：Marmi Max Fine Karakatta（ABC 商会）及 MARVELKarakattaEXTRA 59LAP（DINAONE）墙面（洗脸间）：AEP 地面（浴室）：瓷砖 /Milestone（ABC 商会）地面（淋浴间）：MaristoABSOLUTE AFAB190（avelco）地面（洗脸间）：瓷砖 /PIETRE SICILIANA Burchi 及 I MARMI Grigio（advan）顶棚：AEP 洗脸台：大理石 /Grigio Biriemi（男用）及 DRAMATIC WHITE（女用）门扇：胡桃木顺纹实木装饰板 5 分光泽（男用）及全光泽（女用）Medicine Cabinet：镜子及彩色玻璃 /LACOBEL 天然褐色（旭硝子）洗脸盆·水龙头五金件（CERA Trading）凳子：HUGO（TIME&STYLE）浴缸：Venti（JAXSON）淋浴龙头（Hansgrohe）浴室 TV：16 英寸（PANASONIC）凳子：ILE stool（Cassina·IXC）

给人统一感的
盥洗室

采用玻璃隔断门分隔浴室和洗脸间的难点在于如何形成两者在空间上的整体感。浴室地面因有浸润水渍的风险，不宜使用大理石，因此采用经过防滑处理的瓷砖就成了必然的选择。洗脸间的地面应使用带光泽的瓷砖，浴室的墙面使用与洗脸间的地面、墙面相同的材料，便可提升两者之间的整体感。本案中，浴室的墙面，包括浴缸的前脸，均使用了与洗脸间相同的瓷砖，形成有整体感的盥洗空间。

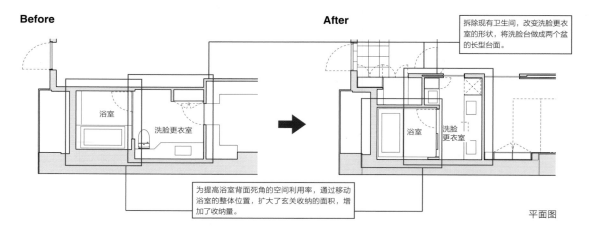

Before

After

拆除现有卫生间，改变洗脸更衣室的形状，将洗脸台做成两个盆的长型台面。

浴室

洗脸更衣室

浴室

洗脸更衣室

为提高浴室背面死角的空间利用率，通过移动浴室的整体位置，扩大了玄关收纳的面积，增加了收纳量。

平面图

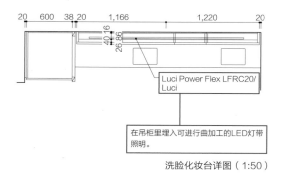

Luci Power Flex LFRC20/ Luci

在吊柜里埋入可进行曲加工的LED灯带照明。

洗脸化妆台详图（1:50）

MATERIAL/ 赤坂 S 宅邸（施工：ReformQ+ 浴室·淋浴间：东京 BATH STYLE）
浴室：订制（东京 BATH STYLE）墙面（洗脸间）：壁纸 /LL-8188（Lilycolor）及瓷砖 /V StoneVS-4848S（平田瓷砖）及三聚氰胺不燃装饰板 /FKJ6000ZNN74（AICA 工业）地面：瓷砖 /V StoneVS-48485（平田瓷砖）顶棚：壁纸 /LL-8188（Lilycolor）洗脸化妆台：全光泽涂装 Medicine Box 和镜子 洗脸台：人造大理石 / Silestone CS501alpina white（Cosentino）洗脸盆：甲方提供 /DR-030549（DURAVIT）水龙头：甲方提供 /FOCUSS（Hansgrohe）毛巾架：FRF74-0903（大洋金物）挂钩：SA-485-XC（KAWAJUN）间接照明：Luci·POWER FLEX（Luci）

砖缝分割是否美观是成败的关键，此处将墙面和地面的砖缝取齐。

水泥抹面的
简约风浴室

　　在新建的公寓式住宅中通常不采用传统做法设计浴室，因地震等带来的结构体晃动以及年久劣化，很可能造成防水层破裂，有的公寓式住宅甚至禁止建造传统式浴室。但是，改造传统浴室或甲方对浴室有很强的个性化需求时，用传统工法打造浴室还是具有现实意义的。在此，浴室的面层结合整体空间的阁楼氛围，采用通常用作基层处理的水泥砂浆抹面，浴缸（钢制搪瓷面）、水龙头五金件、玻璃门和彩色的毛巾加热杆也选择了符合氛围的简约造型。

墙面基层处理，先做FRP防水到顶棚处，之后做轻钢龙骨+耐水合板，之上贴防水膜及Lathcut（涂有水泥砂浆的耐水合板），最后用水泥砂浆饰面。

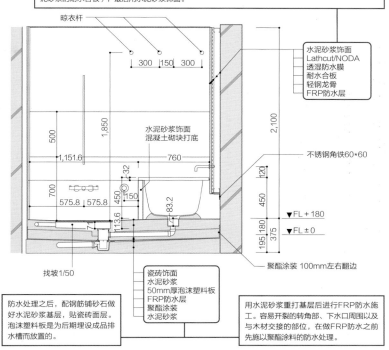

晾衣杆

水泥砂浆饰面
Lathcut/NODA
透湿防水膜
耐水合板
轻钢龙骨
FRP防水层

水泥砂浆饰面
混凝土砌块打底

不锈钢角铁60*60

300 150 300

500
1,850
1,151.6
760
700
575.8 575.8
450
150
83.2
32
13.6

2,100
120
450
195 180 375

▼ FL + 180
▼ FL ± 0

聚酯涂装 100mm左右翻边

找坡 1/50

瓷砖饰面
水泥砂浆
50mm厚泡沫塑料板
FRP防水层
聚酯涂装
水泥砂浆

防水处理之后，配钢筋铺砂石做好水泥砂浆基层，贴瓷砖面层。泡沫塑料板是为后期埋设成品排水槽而放置的。

用水泥砂浆重打基层后进行FRP防水施工。容易开裂的转角部、下水口周围以及与木材交接的部位，在做FRP防水之前先施以聚酯涂料的防水处理。

浴室剖面详图（1:40）

MATERIAL/ 杉井区 S 宅邸（施工：青）
墙面（浴室）：水泥砂浆厌水层 /Landex Coat（大日技研）墙面（洗脸间）：AEP
地面（浴室）：瓷砖 /RNL-243（advan）地面（洗脸间）：瓷砖 /RNL-243（advan）
顶棚（浴室）：OP 顶棚（洗脸间）：AEP 浴缸：FLN72-5703（KALDEWEI）
水龙头五金件（浴室）：AGN73-01660（大洋金物）水龙头五金件（淋浴）：
HG13114 · HG28535 · HG28637 · HG28245（CERA Trading）洗脸台门扇：
天然木装饰板 / 橄榄橡木（山一商店）洗脸盆：ADF70-0404（大洋金物）冷热水龙
头五金件：SFG73-0001（大洋金物）

从洗脸间看浴室方向。洗脸台的材质选择符合浴室风格的橄榄橡木，与浴室之间的地面高差通过设置间接照明表现悬浮感。

将浴室一角
改造成
干式桑拿房

高级公寓住宅里的浴室有时设计得过于宽大，这样的无效空间应加以合理利用。方法之一如本案介绍，在浴室的一角设置干式桑拿房。考虑与整体浴室的协调，墙面与门框周边的设计需要风格统一。在此，浴室一侧的上水管砌筑台以上到不锈钢门窗周围的墙面采用大理石饰面，形成统一的风格，桑拿房内则采用双色的白松木墙板，给人以立体感。

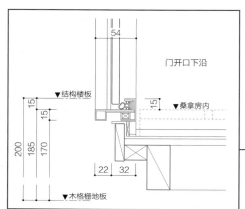

门开口下沿

▼结构楼板
15
15
200 185 170
▼桑拿房内
15
22 32
▼木格栅地板

54

剖面详图（1:3）

此处墙面为检修墙体内卧藏的电视机，做成可拆卸的活动墙板。

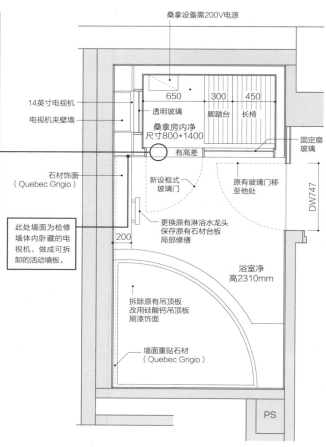

桑拿设备需200V电源

14英寸电视机
电视机夹壁墙
透明玻璃
650 300 450
脚踏台 长椅
桑拿房内净
尺寸800*1400
有高差
固定扇玻璃

石材饰面
（Quebec Grigio）
新设框式玻璃门
原有玻璃门移至他处
DW747

200
更换原有淋浴水龙头
保存原有石材台板
局部修缮

浴室净高2310mm

拆除原有吊顶板
改用硅酸钙吊顶板
刷漆饰面

墙面重贴石材
（Quebec Grigio）

PS

浴室平面详图（1:40）

用白松木装修的干式桑拿房室内效果。对面墙上的电视用钢窗覆盖，检修时不从正面，而是从浴室一侧，取下部分墙板进行维修。

MATERIAL/ 南平台 N 宅邸（施工：ReformQ+ 干式桑拿房：东京 BATH STYLE）
桑拿房：订制（东京 BATH STYLE）墙面（浴室）：天然石材 /Quebec Grigio 墙面（桑拿房）：白松染色地面（浴室）：现状地面（桑拿房）：瓷砖 /Delfie（长江陶业）及染色木格栅铺地顶棚（浴室）：现有顶棚 AEP 桑拿设备：家用干式桑拿 compact2/4（TYLO）浴室电视机：iiZA 14 英寸地上数码液晶防水电视（中野 ENGINEERING）

全订制整体浴室
与宽敞的盥洗空间

很多高档公寓住宅的浴室和洗脸间都用不锈钢框的钢化玻璃隔断打造内外一体的盥洗空间。要在翻新改造工程中实现这样的设想，办法之一是采用传统防水做法，但从防水安全性角度考虑，尤其对于高层住户来说，实施难度很大。因此可以选用另一种方案，即全订制整体浴室。本案即在洗脸台侧墙的位置安装玻璃隔断，另外洗脸间背面的收纳柜门与洗脸台下的门板材料取得一致，浴室靠里面的大理石墙面在统一色调的同时成为装饰亮点，如此可达到内外一体化的效果。

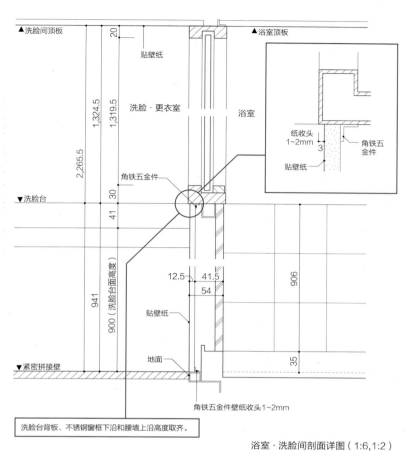

▲洗脸间顶板　　　　　　　　　　　　　　　▲浴室顶板

20

贴壁纸

1,324.5
1,319.5

2,265.5

洗脸·更衣室　　　　　　浴室

纸收头
1~2mm

3

角铁五
金件

贴壁纸

▼洗脸台

30

41

角铁五金件

12.5　41.5
　54

906

941

900（洗脸台面高度）

贴壁纸

▼紧密拼接壁

地面

35

角铁五金件壁纸收头1~2mm

洗脸台背板、不锈钢窗框下沿和腰墙上沿高度取齐。

浴室·洗脸间剖面详图（1:6,1:2）

MATERIAL/ 六本木 T 宅邸（施工：辰＋浴室：东京 BATH STYLE）

浴室：全订制整体浴室（东京 BATH STYLE）墙面（洗脸·脱衣室）：AEP 地面：复合木地板 / 斯堪的纳维亚地板 Wide Blank OAEWS（斯堪的纳维亚客厅）顶棚：AEP 洗脸台：人造大理石 /Dupont Korean Cram Shell · Rain Cloud（MRC · Dupont）洗脸盆（CERA Trading）水龙头五金件（CERA Trading）毛巾杆：ECS0861R（CERA Trading）浴室晾衣绳固定钩（CERA Trading）

采用 JAXSON 公司浴缸制品的浴室。通常的整体式浴室很可能与洗脸间地面之间形成高差，但在全订制整体浴室里，可以通过调整下水口的位置，使室内外地面做到平齐。

靠窗位置的
玻璃隔断浴室

　　提起高档公寓，很多人会联想到靠窗位置的浴室，然而位于高层窗边的浴室很难明决玻璃结露的难题。本案采取的办法是在距离现有外窗 30cm 左右的内侧，新设一处窗扇，免去湿气造成的困扰。浴室采用全玻璃隔断，与淋浴间、卫生间形成统一开放明亮的空间。新窗扇与旧窗扇之间留出的空隙可容人进出维护打理。

钢化玻璃隔开浴室、洗脸间、淋浴间与卫生间。浴室用黑色大理石，洗脸间、淋浴间和卫生间以米色大理石为基调，形成酒店般时尚雅致的气氛。

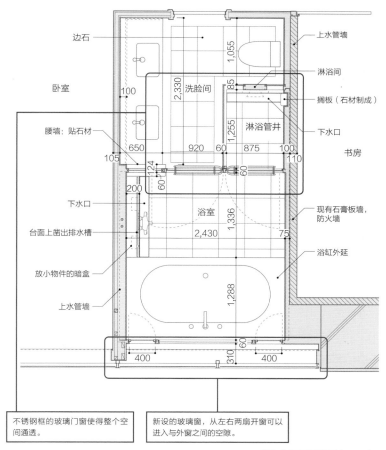

卧室

上水管墙

淋浴间

搁板（石材制成）

下水口

书房

腰墙：贴石材

1,055

2,330 洗脸间

85

淋浴管井

920 60 875 100

110

105

124 60 60

200

下水口

浴室

1,336

2,430

现有石膏板墙，防火墙

75

浴缸外延

台面上凿出排水槽

放小物件的暗盒

上水管墙

1,288

400 60 310 400

MATERIAL/ 高轮 T 宅邸（施工：现代制作所）

墙面（浴室）：大理石 /Clafoutis Brown 墙面（淋浴间）：大理石 /Perlato Sicilia 墙面（洗脸·脱衣室）：大理石 /Perlato Sicilia 地面（浴室·淋浴间）：津巴布韦黑地面（洗脸·脱衣室）：大理石 /Perlato Sicilia 深咖啡色顶棚（浴室·淋浴间）：厨房成型板顶棚（洗脸·脱衣室）：AEP/FARROW&BALL POINTING No.2003（Colorworks）浴缸：Rossetti（JAXSON）电动百叶：ARPEGGIO（Nichibei）卫生间：NEOREST（TOTO）洗脸台：Althea（CERA Trading）

不锈钢框的玻璃门窗使得整个空间通透。

新设的玻璃窗，从左右两扇开窗可以进入与外窗之间的空隙。

盥洗空间平面详图（1:60）

给无窗的盥洗空间
带来宽敞感的
玻璃隔断

公寓式住宅的盥洗空间很多都远离外窗，完全没有自然采光，整个空间显得昏暗。为改善这种状况，让空间明亮宽敞，建议采用玻璃隔断提高空间的整体感，同时整体采用色调明快的装修材料。照明方面，巧妙地将直接和间接照明结合起来使用，便可以从视觉上让空间更加宽敞明亮。

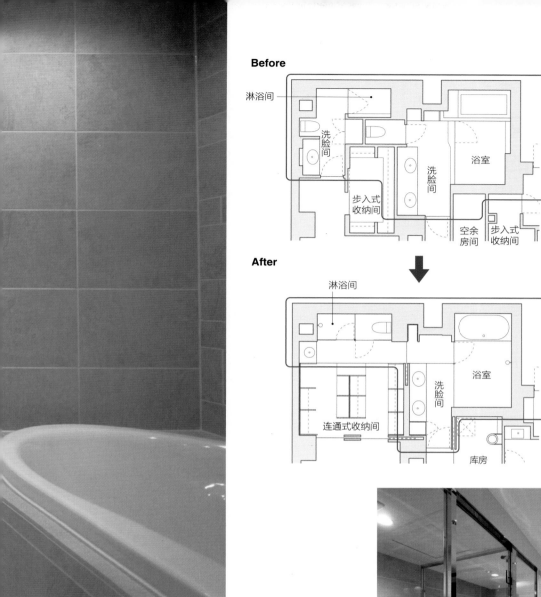

Before

淋浴间

淋浴间 — 淋浴间

洗脸间

浴室

洗脸间

步入式收纳间

空余房间

步入式收纳间

不改变浴室、洗脸间的位置和面积，结合结构柱形成的凹凸，将淋浴间和卫生间紧凑地整合在一起，增加走廊，使得视线可以透过浴室看到洗脸间。

After

淋浴间

浴室

洗脸间

连通式收纳间

库房

平面图

MATERIAL/ 南麻布 K 宅邸（施工：青＋浴室·淋浴间：东京 BATH STYLE）

浴室：全订制整体浴室（东京 BATH STYLE）墙面（浴室）：瓷砖 /MILE STONE（ABC 商会）墙面（洗脸间）：AEP 及 Lithoverde·BANBOO（SALVATORI）墙面（卫生间）：AEP 及固定扇玻璃及瓷砖 /MILE STONE 瓷砖（ABC 商会）地面（浴室）：瓷砖 /MILE STONE（ABC 商会）地面（洗脸间）：复合木地板 / 斯堪的纳维亚地板 Wide Blank OAEWS（斯堪的纳维亚客厅）地面（卫生间）：瓷砖 /MILE STONE（ABC 商会）顶棚（洗脸间·卫生间）：AEP 洗脸化妆台·织物收纳柜：橡木顺纹白漆洗脸台：大理石 /DRAMATIC WHITE 浴缸：Mega DUO Oval（KALDEWEI）淋浴龙头（Hansgrohe）洗脸盆：CEL1585（CERA Trading）水龙头五金件（CERA Trading）织物收纳门扇：彩色玻璃 /EB4（NSG Interior）

从洗脸间看卫生间和浴室。瓷砖地面的分缝考虑到玻璃隔断门的位置，大小尺寸和定位都很规整。

节省开支又
创意十足的浴室

浴室的翻新工程经常有渗漏的风险，更何况公寓式住宅住户都不喜欢工程量大、工期长的传统防水浴室，所以很多时候选择盒子式浴室也属无奈。如果预算不允许采用昂贵的全订制盒子浴室，半盒子式就是最佳选择（参阅201页）。这种方式不但防水性能好，腰部以上的墙面、顶面以及更衣室一侧的门扇都可以自由设计，可以实现全盒子式不可能有的个性化设计。原有浴室的一面墙还可以做成防水性艺术壁板。

半盒子式浴室可以选用标配的门扇，但此处安装的是原创的门，以展示个性。另一特点是，包括局部墙垛（腰墙以上部分）全部采用了挺直的不锈钢框玻璃隔断。

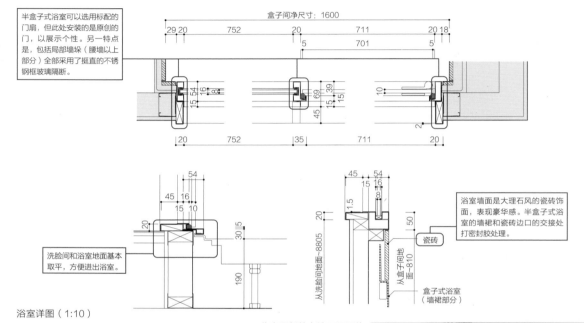

浴室详图（1:10）

洗脸间和浴室地面基本取平，方便进出浴室。

浴室墙面是大理石风的瓷砖饰面，表现豪华感。半盒子式浴室的墙裙和瓷砖边口的交接处打密封胶处理。

瓷砖

盒子式浴室（墙裙部分）

此案翻新的办法不是更换原有的盒子式浴室，而是在一面墙上张贴由艺术家制作的防水性壁画板。

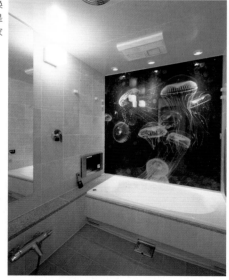

201 页是一番町 Y 宅邸

MATERIAL/ 一番町 Y 宅邸（施工：ReformQ）

浴室：半盒子式浴室 /HALF BATH08（TOTO）墙面（浴室）：瓷砖 /mineral D Living brown（advan）及 I MARMI Grigio（advan）墙面（洗脸间）：壁纸 /LL-8188（Lilycolor）地面（洗脸间）：氯乙烯地板革 /LYTILE Mocha CreamLYT83148（Lilycolor）顶棚（浴室）：VP 顶棚（洗脸间）：LL-8188 卫生间门扇・收纳柜门：Full Height Door（神谷 Cooporation）

MATERIAL/ 代官山 T 宅邸（施工：ReformQ）

浴室：现有盒子式浴室墙面板；防水性艺术墙板

用镜子
让窄小的卫生间
更宽敞

当优先考虑让卫生间之外的房间宽敞舒适时，卫生间很可能是狭小的格局。此时建议多用镜面，既可以确保空间的私密性，又让人在视觉上享受宽敞舒展。本案通过将条带状的镜子延伸到推拉门的另一侧，弱化了卫生间的空间边界，并在视觉上扩展了室内空间的范围。另外，墙面上设计了收纳装饰格，并与带状镜面在同一高度上相交，从正面看时，横向空间也显得很宽敞。

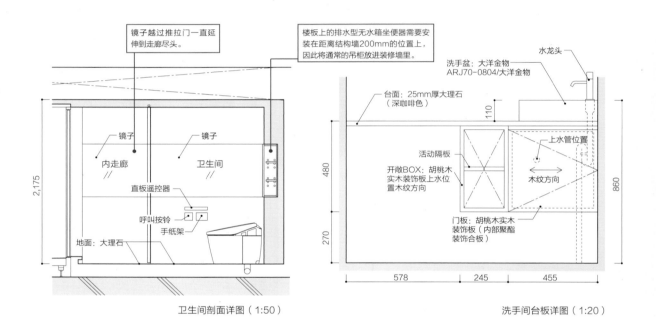

镜子越过推拉门一直延伸到走廊尽头。

楼板上的排水型无水箱坐便器需要安装在距离结构墙200mm的位置上，因此将通常的吊柜放进装修墙里。

镜子　镜子

内走廊　卫生间

直板遥控器

呼叫按铃

手纸架

地面：大理石

2,175

卫生间剖面详图（1:50）

水龙头

洗手盆：大洋金物
ARJ70-0804/大洋金物

台面：25mm厚大理石
（深咖啡色）

活动隔板

开敞BOX：胡桃木
实木装饰板上水位
置木纹方向

门板：胡桃木实木
装饰板（内部聚酯
装饰合板）

上水管位置

木纹方向

110

480

270

860

578　245　455

洗手间台板详图（1:20）

MATERIAL/ 神户 M 宅邸（施工：越智工务店）

墙面：AEP 和镜子地面：大理石 /Mallorca Col Star（advan）顶棚：AEP 卫生间：NEOREST（TOTO）背面嵌入式收纳柜：胡桃木实木装饰板洗手间门扇：胡桃木实木装饰板洗手间台板：大理石 / 深咖啡色洗手间手盆：CATALANO ADF70-0613（大洋金物）水龙头五金件：FANTINI AGN73-0101-001（大洋金物）手纸架：EC-S0800R（CERA Trading）毛巾杆：EC-S0855R（CERA Trading）

含卫生间的绿色基调箱体盥洗空间外观。迎面深处看见镜子的地方，左边是浴室，右边是卫生间。

增加卫生间
附加值的
表现手法

卫生间通常狭窄又封闭，现有公寓式住宅均没有在卫生间的室内设计方面下什么功夫。对这样的卫生间进行翻新，利用其封闭性可完成自由的大大增加其附加值的设计，思路可以有"采用有高级感的装修材料"、"将一面墙做成彩色的"等。还可以在墙面上做书架，形成闲适的书房样的空间（参阅 205 页）。再放置独立式洗手盆的话，卫生间便会变身为犹如海外高级宾馆一样的高品位空间。

无水箱坐便器与独立式洗手盆、间接照明的装饰效果，远处可见卧室（纽约 S 宅邸）（左）。艳红色的背景墙嵌入间接照明（竖向照明和灯槽照明）（杉并区 S 宅邸）（右）。

这是厕所设在浴室中的案例。无水箱坐便器与宾馆般的紧凑空间很相配（广尾 H 宅邸）（左）。右边是用 PORTRER'S PAINTS（NENGO）装饰墙面的案例，凹凸不平的质感和个性化的色彩极具特色，正面墙上的小壁龛起点缀作用（世田谷区 N 宅邸）。

205 页是广尾 N 宅邸

极具质感的
客用卫生间

户内有两处卫生间时，客用卫生间应设计为有高级感的与迎宾玄关同等重要的"待客空间"。因空间尺度小，选择装修材料就非常关键。将有光泽的反射性材料（如彩色玻璃、镜面、马赛克瓷砖、水龙头五金件）与带纹理的材料（如实木装饰板或大理石等）组合使用，便可形成华丽的空间。照明也要分成保证整体照度的基础照明和用于打亮有光泽材料的局部照明。

与 207 页的案例一样，此处的背面墙壁采用褐色的玻璃，一侧摆放大理石台面的洗手盆（六本木 N 宅邸）（左）。右面的卫生间地面采用与大理石墙面相同的地砖，展示空间的整体感。通用型吸顶筒灯离一边墙近，是为了强调瓷砖的光泽感（白金台 P 宅邸）。

左面是在坐便器正面设整面洗手台的例子，50mm 的镜框醒目，显出厚重的空间氛围（六本木 T 宅邸）。右面案例中的正面的镜子无框，满铺的镜面卫生空间感觉比实际宽敞许多（南麻布 S 宅邸）。

207 页是南平台 N 宅邸

窗户
Window

公寓式住宅的外窗一般不允许改动，然而这些窗扇的造型可能给室内设计带来难题。这时能做的只是从室内让窗扇不太显眼。具体来说，可用装饰膜将窗框包裹起来，去除窗扇毫无生气的印象，或者将窗户封死为墙面。对于大面积连窗的情况，可在窗内侧设计大的窗框。

1 用装饰膜隐藏窗框

这是一处可眺望室外绿荫的大型外窗，为了使竖挺看上去好看，竖挺正面贴 2mm 厚木板，侧面贴了装饰膜。为了与室内色系相协调，采用米黄色的面层（南麻布 K 宅邸）。

2 封墙并设置装饰格

顶棚净高2320mm且房龄超过30年的公寓式住宅的房间层高低，因为完全没有富裕空间，遂使用尽可能薄的LED吸顶筒灯，木吊顶板从结构板下吊65mm。

从室内一侧竖墙将现有外窗封死，只留局部小横窗，加上下方的装饰格，形成空间点缀。

木制竖挺：装在现有铝合金窗竖挺上

调节楼板不平打底层
新设顶棚装饰面

木制顶棚和地板都按长方向拼贴，对面封墙设小窗和装饰隔板，制造悦目的元素，让对面墙成为视觉焦点（目黑 S 宅邸）。

260
小窗
厨房壁板

260 小窗
440 700
60

2,320 2,120 200

封窗墙板（30mm厚聚苯乙烯泡沫成型板打底，12.5mm厚石膏板上贴壁纸）

展开图（1:100）

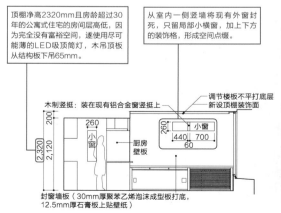

3 窗内侧安装格栅门

为了削弱现有窗户的存在感，设计了与整面墙的尺寸相同的木框，外窗部分用木制格栅，窗间墙部分用木墙板，这样可以形成有整体感的造型。格栅门的背后暗藏了纱窗帘，并埋设间接照明展示灯光效果（神户M宅邸）。

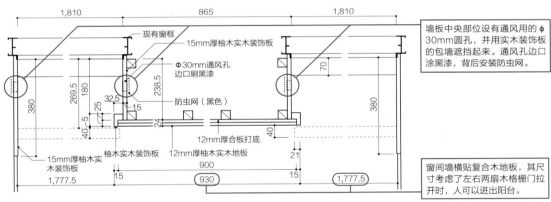

墙板中央部位设有通风用的φ30mm圆孔，并用实木装饰板的包墙遮挡起来。通风孔边口涂黑漆，背后安装防虫网。

现有窗框
15mm厚柚木实木装饰板
Φ30mm通风孔边口刷黑漆
防虫网（黑色）
12mm厚合板打底
15mm厚柚木实木装饰板
柚木实木装饰板
12mm厚柚木实木地板

窗间墙横贴复合木地板，其尺寸考虑了左右两扇木格栅门拉开时，人可以进出阳台。

窗扇剖面详图（1:15）

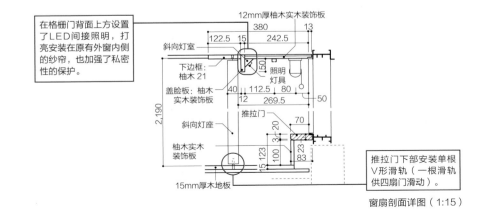

在格栅门背面上方设置了LED间接照明，打亮安装在原有外窗内侧的纱帘，也加强了私密性的保护。

12mm厚柚木实木装饰板
斜向灯室
下边框：柚木21
盖脸板：柚木实木装饰板
斜向灯座
柚木实木装饰板
照明灯具
推拉门
15mm厚木地板

推拉门下部安装单根V形滑轨（一根滑轨供四扇门滑动）。

窗扇剖面详图（1:15）

改造案例赏析
Before &After

After

1

拆除隔墙和吊顶
打造大空间

解决空间狭小的一个有效办法是拆除隔
墙和吊顶。拆掉隔墙后可以形成一间大
通间。拆掉吊顶后，不但空间高度可以
变高，结构梁板还可以作为室内装饰元
素充分展示力量感（广尾N宅邸）。

Before

After

2

规整墙面线，
让空间干净整齐

墙面线凹凸不平时，空间看上去不整齐。
将墙面线取齐之后，视线被导向远方，
空间便显得宽敞。在此案例中，客厅和
餐厅的墙面线取齐后，视线沿走廊方向
变得更通透（目黑S宅邸）。

Before

After

3

将封闭式厨房
改成开放式厨房

很多人喜欢将封闭式厨房改造成一室两厅
LDK 格局。这个案例考虑了厨房操作台与
背面收纳柜的造型款式与整体风格充分协
调。为了配合整体的灰色基调，开放式厨
房的面板材料（人造大理石 / 彩色玻璃）
都采用了灰颜色（一番町丫宅邸）。

Before

After

4

用墙面将
开放式厨房隐去

针对"不喜欢烹饪中产生的气味"、"收拾厨房嫌麻烦"等甲方的需求，将开放式厨房封闭起来也是可以的。用墙体遮挡起来后，空间元素减少了，看上去整齐清净。本案采取了将墙面和门窗一体化的设计方法（六本木 N 宅邸）。

Before

After

5

增加房间数，
整合不规则空间

公寓式住宅里，由于阳台、结构梁柱和管道井的存在，空间形状往往不规则。将这样的空间当作一个房间来规划，无法产生规整感。这时不追求房间面积大，而是以形状规整为目的分成多个房间，也不失为美化空间的一个有效方法。本案通过拆除不规则形状的客厅和餐厅，重新分割为客厅·餐厅和儿童房（右边图片），解决了空间不规整的问题（台场 K 宅邸）。

Before

After

6

缩小凹上式吊顶范围，
明确功能分区

高档公寓式住宅中的客厅·餐厅里常见凹上式吊顶，但有的面积过大且均衡感差。本案将原先横跨客厅和餐厅的大灯槽吊顶缩小到客厅的上部，明确客厅与餐厅的用途分区，使得空间强弱对比与张力更好。吊顶的凹上部分用木质装饰贴饰面，加间接照明展示柔和的灯光效果（代官山Ｔ宅邸）。

Before

7

给顶棚设计增加变化

顶棚设计以平淡无奇的白色居多，检修口也平铺直叙地毫无个性可言。此时，可以在部分顶棚上贴挂木质板材或彩色玻璃形成亮点，这样也有利于在客厅·餐厅大空间中形成用途分区。本案客厅的顶棚采用了木质板材，餐厅则采用了彩色玻璃饰面（南麻布 k 宅邸）。

Before

After

8

通过更换室内色彩
改变空间形象

不用大的花费便可刷新空间形象的方法
之一的更换房间颜色。本案保留原有茶
色系木纹理玄关收纳柜中的木纹理，将
颜色改成黑色，与收纳柜并列的部分也
改用同样的黑色板材，用整体感的墙面
设计形成有重量感的紧凑空间（白金台
P 宅邸）。

Before

9

用整面玻璃隔断
分隔空间

用玻璃做隔断墙面材的钢框玻璃隔断可
以使两个相邻房间在视觉上成为一体。
本案用充满整个开间和净高的钢框玻璃
隔断，将近前的客厅与远处的书房在视
觉上连成了一个整体（六本木Ｔ宅邸）。

Before

After

10

活用现有结构柱的
现代风装饰龛

在钢筋混凝土框架结构的住宅里，很容
易在房间四角出现突出的柱子，空间看
上去不利索。消除柱子的存在感，使空
间显得规整的简便方法一之是利用柱子
的深度做成可以摆设艺术品的装饰龛。
本案为得到与客厅相匹配的空间氛围，
装饰龛按现代简约风格进行了设计（白
金台 K 宅邸）。

Before

After

11

对整体式盥洗空间
进行适当分隔

浴室、洗脸间和卫生间三合一的盥洗空间源于欧美，对于泡澡频度很高的日本人来说并不适合。本案把原来只用挂帘遮挡的浴缸改成了玻璃隔断的浴室。浴室内墙和卫生间侧墙的瓷砖统一品种，形成空间的整体感（白金台 P 宅邸）。

Before

Profile 作者简介

各务谦司（KAGAMI KENJI）
KAGAMI建筑设计
KAGAMI DESIGN REFORM

各务谦司先生作为一名一级注册建筑师和公寓式住宅翻新改造经理人，擅长位于城市中心的100㎡以上公寓式住宅的翻新改造项目。2006年后，对自身背景、设计业绩及设计事务所的区位等因素进行综合权衡，开始专攻住宅翻新改造业务。自此他谢绝了新建建筑的设计委托业务，全身心投入到公寓式住宅翻新改造的技术研究，包括室内装修翻新设计的方案研究。至今，工程总价1000万日元以上的大规模翻新项目逾50件。同时兼任东洋大学、早稻田大学艺术学校、桑泽室内设计研究所、法政大学设计工学部等大学的外聘讲师。主要著作有《最新版令人惊叹的翻新改造术》（X-knowledge/ 与中西HIROTSUGU合著）。

1966年　出生于东京都港区白金台
1990年　早稻田大学理工学部建筑学科毕业
1991年　早稻田大学研究生时期初次接触翻新改造项目
　　　　（小石川S宅邸的一期设计）
1992年　早稻田大学理工学研究科建筑专业硕士毕业
1993年　哈佛大学设计研究生院富布莱特奖学金交换留学生
1994年　哈佛大学设计学科硕士毕业（March II 建筑设计）
1994~1995年　Cicognani Kalla Architects（纽约市）职员（进修
　　　　高级公寓翻新改造业务）
1995~1996年　赴欧洲和中近东地区旅行7个月
1995年　主掌各务谦司建筑设计公司（后改名KAGAMI建筑设计）

Project 获奖
2006年　获第23届家居翻新改造竞赛优秀奖（高轮S宅邸茶室）
2012年　获第28届家居翻新改造竞赛
　　　　住宅翻新·纠纷处理援助中心理事长奖（高轮I宅邸）
2012年　获第28届家居翻新改造竞赛优秀奖（目黑S宅邸）
2012年　获第29届家居翻新改造竞赛优秀奖（田园调布F宅邸）
　　　　与中西HIROTSUGU（IN·HOUSE建筑设计）合作设计

初次接触公寓式住宅翻新项目，还是 25 年前学生时代的 1991 年。第一次做小石川 S 宅邸项目（28·29·138 页）时，我这个连材料的尺寸、安装方法都不知道的小白建筑师仅凭着甲方的信任，通过每天跑现场，有时还夜宿现场，时常请教施工技术人员，终于完成了该项目。留学后在纽约的设计事务所 Cicognani Kalla Architects 了解到了超高档公寓翻新的全新领域。那里承接的全是耗资数亿、花数年时间完成的项目。在那里，我学到了何为高档公寓翻新的最高境界，即如何在有限的空间内创造丰富的室内环境。

回到日本后的十几年里，我的公司陆续承接新建住宅、商店、诊所及翻新改造项目，然而作为建筑家的水平一直上不去，每天都在为支付员工工资而疲于奔命。某天，由于无事可做，我便回想以往做过的设计，分类整理后发现，比起一般的设计事务所，我们做的翻新改造项目很多。结合自己学生时代的体验以及在美国的工作经历，让公司转型成

为专攻翻新改造项目的专业队伍是否也有可能？于是花两年左右的时间开始着手准备。当时几乎所有员工都反对这项计划，然而我抱定打赢这场决定公司生死存亡硬仗的决心，先着手对公司自身进行"翻新"。这场根本性的变革奠定了今日企业运营的基础。

X-knowledge 出版社策划了这本以实际案例为基础的图书，对此我心中只有由衷的感谢。每当有新项目竣工，西山和敏编辑便来到现场参观，没有西山先生的鼎力相助，便不可能有本书的出版。书中的大量详实数据也有赖于谏山史织编辑精细而卓有成效的沟通和付出。

另外，对于现员工竹田怜未女士和前田幸矢君二人在编纂本书过程中的付出也一并表示感谢。竹田怜未女士深受甲方的信任、曾担任过众多项目的负责人，前田幸矢君则始终认真踏实，对工作尽心竭力。感谢你们！

设计事务所运作至今，也是众多老员工努力的结果。公司成立之初的首批员工、在技术方面做出

多年贡献的穗坂和宏君；永远开朗努力营造快乐气氛的公文大辅君；提出做公司主页和分类作品集的建议，为公司新的营销战略奠定基础的后藤典子女士；作为甲方和负责培训的员工，现已过世的大野薰子女士，克服了双重身份的困难，一直支持公司的工作；在预算少时间紧的不利条件下保证公司主页的正常运行，同时努力完成其他工作的杉田有君；原本只是临时帮忙但留下来帮助公司攻克技术难度大的项目的中西绘里女士；在公司运营遇到困难、只有少量零星项目的时期顽强坚守的板仓路子女士；在公司转型为翻新改造专业团队最初的那些艰苦岁月里，为制定公司生存战略提供帮助的渡边佳代子女士；在新建和翻新改造项目并存的过渡期里，一丝不苟地推进工作的笠原圭一郎君；每当遇到无力承担的大型项目时，都毫不言弃过来帮忙的米光昌子女士和掛川美穗女士，感谢你们！

为公司提供最持久帮助的，是既当员工又是我妻子的岸本麻衣子女士。我们遇到的困难是这里的文字所难以言表的，虽然有时你的意见很尖锐，但你始终站在甲方和公司的立场上思考，并给我提出建议，对此我仅表示诚挚的谢意！

所有完成的项目仅靠我们设计的力量是无法实现的，如果没有各个项目中施工公司、专营翻新改造的工程公司的各位负责人，以及在现场挑战那些高难度技术细节的工匠师傅们的共同努力，完成这些项目是不可想象的。在全订制厨房、全订制整体式盒子浴室的设计和施工中，专业人士为我们提供了持久的帮助。还有那些为我们介绍众多项目的房地产中介公司的专家们，将我们的业绩介绍到杂志和网络上的媒体人士，感激的话无以言表。室内设计由于加进了家具、窗帘、照明灯具及艺术品而内涵丰富，我们从各个专业店和画廊工作人员那里也学到了很多，得到了很多的帮助。

最后，我想说能出版这样完美的书籍，最离不开的是委托我公司进行设计的甲方，每个项目里都盛满了客户的生活方式和品味考究，以及长时间相互磋商研讨的成果。说清楚一个项目就足以写成一本书，背后满是故事，然而出版方要求翻开一页，左右页只介绍一个场景，让我感到内心满是愧疚。本应借这个页面对每位都表达我的谢意，但考虑到个人隐私问题，决定通过其他方式向他们表示敬意。对他们能从众多的设计事务所和翻新改造公司中选择我公司作为营造家居的伙伴这件事，我们充满感激。

PREMIUM DESIGN THE ONE AND ONLY LENOVATION IN THE WORLD
©KENJI KAGAMI 2016
Originally published in Japan 2016 by X-Knowledge Co.,Ltd.
Chinese (in simplified character only) translation rights arranged with
X-Knowledge Co.,Ltd. TOKYO,
through g-Agency Co.,Ltd. TOKYO

图书在版编目（CIP）数据

家居翻新完全手册 /（日）各务谦司著；陈靖远译 . — 北京：中国青年出版社，2018.6
（设计改造家）
ISBN 978-7-5153-5130-8
I.①家 …　II.①各 … ②陈 …　III.①住宅 － 室内装设计 － 手册　IV.①TU241-62
中国版本图书馆 CIP 数据核字（2018）第 105875 号

版权登记号：01-2018-2872

设计改造家：家居翻新完全手册

[日] 各务谦司 著　陈靖远 译

出版发行：中国青年出版社
地　　址：北京市东四十二条 21 号
邮政编码：100708
电　　话：（010）50856188 / 50856199
传　　真：（010）50856111
企　　划：北京中青雄狮数码传媒科技有限公司

责任编辑：张　军
助理编辑：杨佩云
封面制作：叶一帆

印　　刷：北京建宏印刷有限公司
开　　本：787×1092　1/16
印　　张：14
版　　次：2018 年 7 月北京第 1 版
印　　次：2018 年 7 月第 1 次印刷
书　　号：ISBN 978-7-5153-5130-8
定　　价：68.80 元

本书如有印装质量等问题，请与本社联系
电话：（010）50856188 / 50856199
读者来信：reader@cypmedia.com
如有其他问题请访问我们的网站：www.cypmedia.com